U0336814

总主编 伍 江 副总主编 雷星晖

李 坤 汪世龙 著

类视黄醇微乳体系的
瞬态光化学和光生物学的研究

Study on the Transient Photochemistry and Photobiology of Retinoids in Microemulsion

同济大学 出版社
TONGJI UNIVERSITY PRESS

内 容 提 要

本书确定了类视黄醇在微乳中的光化学反应类型,为比较均相和异相体系中类视黄醇光化学反应差异提供了参考。同时,本文得到了类视黄醇光反应瞬态产物作用于生物分子的直接证据,为了解类视黄醇潜在光毒性的机理和寻找可能的保护途径提供了瞬态动力学方面的理论依据。本书可供相关专业人士参考阅读。

图书在版编目(CIP)数据

类视黄醇微乳体系的瞬态光化学和光生物学的研究/李坤,汪世龙著. —上海:同济大学出版社,2018.12
(同济博士论丛/伍江总主编)
ISBN 978 - 7 - 5608 - 8230 - 7

Ⅰ. ①类… Ⅱ. ①李…②汪… Ⅲ. ①乳液—光化学反应—瞬态性能—研究②乳液—生物光学—研究 Ⅳ.
①Q592.6

中国版本图书馆 CIP 数据核字(2018)第 257462 号

类视黄醇微乳体系的瞬态光化学和光生物学的研究

李坤　汪世龙　著

出　品　人　华春荣　　　责任编辑　陈红梅　卢元姗
责任校对　徐春莲　　　封面设计　陈益平

出版发行　同济大学出版社　　www.tongjipress.com.cn
　　　　　(地址:上海市四平路 1239 号　邮编:200092　电话:021 - 65985622)
经　　销　全国各地新华书店
排版制作　南京展望文化发展有限公司
印　　刷　浙江广育爱多印务有限公司
开　　本　787 mm×1092 mm　　　1/16
印　　张　11.75
字　　数　235 000
版　　次　2018 年 12 月第 1 版　　2018 年 12 月第 1 次印刷
书　　号　ISBN 978 - 7 - 5608 - 8230 - 7

定　　价　57.00 元

"同济博士论丛"编写领导小组

"同济博士论丛"编辑委员会

袁万城　莫天伟　夏四清　顾　明　顾祥林　钱梦騄
徐　政　徐　鉴　徐立鸿　徐亚伟　凌建明　高乃云
郭忠印　唐子来　闫耀保　黄一如　黄宏伟　黄茂松
戚正武　彭正龙　葛耀君　董德存　蒋昌俊　韩传峰
童小华　曾国荪　楼梦麟　路秉杰　蔡永洁　蔡克峰
薛　雷　霍佳震

秘书组成员：谢永生　赵泽毓　熊磊丽　胡晗欣　卢元姗　蒋卓文

总　序

　　在同济大学110周年华诞之际,喜闻"同济博士论丛"将正式出版发行,倍感欣慰。记得在100周年校庆时,我曾以《百年同济,大学对社会的承诺》为题作了演讲,如今看到付梓的"同济博士论丛",我想这就是大学对社会承诺的一种体现。这110部学术著作不仅包含了同济大学近10年100多位优秀博士研究生的学术科研成果,也展现了同济大学围绕国家战略开展学科建设、发展自我特色,向建设世界一流大学的目标迈出的坚实步伐。

　　坐落于东海之滨的同济大学,历经110年历史风云,承古续今、汇聚东西,秉持"与祖国同行、以科教济世"的理念,发扬自强不息、追求卓越的精神,在复兴中华的征程中同舟共济、砥砺前行,谱写了一幅幅辉煌壮美的篇章。创校至今,同济大学培养了数十万工作在祖国各条战线上的人才,包括人们常提到的贝时璋、李国豪、裘法祖、吴孟超等一批著名教授。正是这些专家学者培养了一代又一代的博士研究生,薪火相传,将同济大学的科学研究和学科建设一步步推向高峰。

　　大学有其社会责任,她的社会责任就是融入国家的创新体系之中,成为国家创新战略的实践者。党的十八大以来,以习近平同志为核心的党中央高度重视科技创新,对实施创新驱动发展战略作出一系列重大决策部署。党的十八届五中全会把创新发展作为五大发展理念之首,强调创新是引领发展的第一动力,要求充分发挥科技创新在全面创新中的引领作用。要把创新驱动发展作为国家的优先战略,以科技创新为核心带动全面创新,以体制机制改革激发创新活力,以高效率的创新体系支撑高水平的创新型国家建设。作为人才培养和科技创新的重要平台,大学是国家创新体系的重要组成部分。同济大学理当围绕国家战略目标的实现,作出更大的贡献。

大学的根本任务是培养人才,同济大学走出了一条特色鲜明的道路。无论是本科教育、研究生教育,还是这些年摸索总结出的导师制、人才培养特区,"卓越人才培养"的做法取得了很好的成绩。聚焦创新驱动转型发展战略,同济大学推进科研管理体系改革和重大科研基地平台建设。以贯穿人才培养全过程的一流创新创业教育助力创新驱动发展战略,实现创新创业教育的全覆盖,培养具有一流创新力、组织力和行动力的卓越人才。"同济博士论丛"的出版不仅是对同济大学人才培养成果的集中展示,更将进一步推动同济大学围绕国家战略开展学科建设、发展自我特色、明确大学定位、培养创新人才。

面对新形势、新任务、新挑战,我们必须增强忧患意识,扎根中国大地,朝着建设世界一流大学的目标,深化改革,勠力前行!

万　钢

2017 年 5 月

论丛前言

承古续今，汇聚东西，百年同济秉持"与祖国同行、以科教济世"的理念，注重人才培养、科学研究、社会服务、文化传承创新和国际合作交流，自强不息，追求卓越。特别是近 20 年来，同济大学坚持把论文写在祖国的大地上，各学科都培养了一大批博士优秀人才，发表了数以千计的学术研究论文。这些论文不但反映了同济大学培养人才能力和学术研究的水平，而且也促进了学科的发展和国家的建设。多年来，我一直希望能有机会将我们同济大学的优秀博士论文集中整理，分类出版，让更多的读者获得分享。值此同济大学 110 周年校庆之际，在学校的支持下，"同济博士论丛"得以顺利出版。

"同济博士论丛"的出版组织工作启动于 2016 年 9 月，计划在同济大学 110 周年校庆之际出版 110 部同济大学的优秀博士论文。我们在数千篇博士论文中，聚焦于 2005—2016 年十多年间的优秀博士学位论文 430 余篇，经各院系征询，导师和博士积极响应并同意，遴选出近 170 篇，涵盖了同济的大部分学科：土木工程、城乡规划学（含建筑、风景园林）、海洋科学、交通运输工程、车辆工程、环境科学与工程、数学、材料工程、测绘科学与工程、机械工程、计算机科学与技术、医学、工程管理、哲学等。作为"同济博士论丛"出版工程的开端，在校庆之际首批集中出版 110 余部，其余也将陆续出版。

博士学位论文是反映博士研究生培养质量的重要方面。同济大学一直将立德树人作为根本任务，把培养高素质人才摆在首位，认真探索全面提高博士研究生质量的有效途径和机制。因此，"同济博士论丛"的出版集中展示同济大学博士研究生培养与科研成果,体现对同济大学学术文化的传承。

"同济博士论丛"作为重要的科研文献资源,系统、全面、具体地反映了同济大学各学科专业前沿领域的科研成果和发展状况。它的出版是扩大传播同济科研成果和学术影响力的重要途径。博士论文的研究对象中不少是"国家自然科学基金"等科研基金资助的项目,具有明确的创新性和学术性,具有极高的学术价值,对我国的经济、文化、社会发展具有一定的理论和实践指导意义。

"同济博士论丛"的出版,将会调动同济广大科研人员的积极性,促进多学科学术交流、加速人才的发掘和人才的成长,有助于提高同济在国内外的竞争力,为实现同济大学扎根中国大地,建设世界一流大学的目标愿景做好基础性工作。

虽然同济已经发展成为一所特色鲜明、具有国际影响力的综合性、研究型大学,但与世界一流大学之间仍然存在着一定差距。"同济博士论丛"所反映的学术水平需要不断提高,同时在很短的时间内编辑出版110余部著作,必然存在一些不足之处,恳请广大学者,特别是有关专家提出批评,为提高同济人才培养质量和同济的学科建设提供宝贵意见。

最后感谢研究生院、出版社以及各院系的协作与支持。希望"同济博士论丛"能持续出版,并借助新媒体以电子书、知识库等多种方式呈现,以期成为展现同济学术成果、服务社会的一个可持续的出版品牌。为继续扎根中国大地,培育卓越英才,建设世界一流大学服务。

伍 江

2017 年 5 月

前　言

　　类视黄醇在人和动物正常生理活动中扮演着非常重要的角色,在医药和化妆品领域也有着广泛的应用,但是,类视黄醇是一类光敏感物质,体外使用能够引起不同程度的光敏化作用。鉴于类视黄醇在生物系统中的重要位置以及在医药和化妆品领域中的广泛应用,探讨它们的光化学反应机理,评价其潜在的光毒性有着越来越重要的意义。针对类视黄醇瞬态光化学行为的研究主要是在均相体系中进行的,而类视黄醇的天然分布一般是异相分布,因此,研究异相体系中类视黄醇的瞬态光化学和光生物学行为将有利于了解生物体系中类视黄醇真实的光反应情况,对评价其光毒性具有重要意义。鉴于微乳的优势,本书将微乳引入激光闪光光解瞬态实验,系统研究了四种天然类视黄醇在微乳中的瞬态光化学和光生物学行为,得到的主要结果如下:

　　(1) 经 355 nm 激光激发,微乳中全反式视黄酸(ATRA)通过双光子过程产生 ATRA 阳离子自由基(ATRA$^{\bullet+}$),ATRA 羧基的解离状态决定着 ATRA$^{\bullet+}$ 的产额,其脱质子形式利于 ATRA$^{\bullet+}$ 的生成;ATRA$^{\bullet+}$ 具有较强的反应活性,它能够与 NaN$_3$ 发生加成反应,与有机胺发生电子转移反应,它还可以作用于溶菌酶、色氨酸、酪氨酸和半胱氨酸;此外,

ATRA$^{•+}$能够与各种亲水和疏水的抗氧化剂发生反应,其中,醇溶性的酚氧类抗氧化剂姜黄素(Cur)、没食子酸丙酯(PGA)、叔丁基对苯二酚(TBHQ)和水溶性抗氧化剂 VC 和没食子酸(GA)能够有效地清除ATRA$^{•+}$。该部分结果表明,ATRA 的光反应产物 ATRA$^{•+}$具备损伤蛋白质的潜力,它为了解 ATRA 光毒性的分子机制提供了瞬态动力学方面的理论基础。

(2) 355 nm 激光闪光光解全反式视黄醇(ROH)微乳体系能够引起ROH 发生单光子的光电离反应,生成 e_{aq}^- 和 ROH 阳离子自由基(ROH$^{•+}$),在碱性条件下,ROH$^{•+}$能够通过脱质子过程发生快速衰减;ROH$^{•+}$能够与 NaN$_3$ 发生加成反应,与有机胺发生电子转移反应,同样它还能够作用于溶菌酶、色氨酸、半胱氨酸和亚油酸;此外,ROH$^{•+}$能够有效地与 Cur,PGA,TBHQ,VC 和 GA 发生反应。该部分结果表明,ROH 的光电离产物 ROH$^{•+}$具备损伤蛋白质和不饱和脂肪酸的潜力,它为了解 ROH 抗氧化机制和预测 ROH 光毒性的潜在光反应途径提供了瞬态动力学方面的理论基础。

(3) 355 nm 激光闪光光解 ROAT 微乳体系引起 ROAT 发生单光子的光电离反应,生成 e_{aq}^- 和瞬态吸收在 580 nm 附近的瞬态产物(ROAT$^+$);580 nm 处的瞬态产物能够与 β-car 发生反应,也能够与有机胺发生电子转移反应,通过分析异相和均相体系中的瞬态产物并参照有关文献得出 580 nm 处的瞬态吸收是 ROAT 阳离子自由基(ROAT$^{•+}$)和视黄基碳正离子(RCH$_2^+$)的叠加吸收;ROAT$^+$能够作用于溶菌酶、色氨酸、半胱氨酸和亚油酸,也能够与不同种类的抗氧化剂反应,ROAT$^+$对所选抗氧化剂反应活性的趋势与 ATRA$^{•+}$和 ROH$^{•+}$大体一致。此外,在氮气饱和的微乳中,ROAT 能够与 e_{aq}^- 发生反应生成

ROAT 阴离子自由基（ROAT$^{\bullet-}$），ROAT$^{\bullet-}$快速脱去乙酸根阴离子生成特征吸收在 400 nm 的瞬态产物。该部分结果表明 ROAT 能够通过光电离反应生成直接作用于蛋白质和不饱和脂肪酸的瞬态产物，这也预示着 ROAT 引起光毒性的潜在光反应途径。

（4）355 nm 激光闪光光解全反式视黄醛（ATRN）微乳体系，引起 ATRN 发生光激发反应生成 ATRN 激发三重态（^{3}ATRN*），^{3}ATRN*的生成和衰减不受微乳 pH 值的影响；^{3}ATRN*能够与二苯胺发生电子转移反应，但是，^{3}ATRN*对本文所选的溶菌酶，氨基酸，亚油酸以及各类抗氧化剂的反应活性较低，本文所使用的仪器无法观测到它们之间发生反应的证据。这部分工作表明异相体系中 ATRN 可能以光敏剂的形式通过 Type Ⅱ 的途径引起生物分子损伤。

（5）在三种 pH 值（6.0,7.2 和 8.5）条件下的微乳体系中，硫化氢均能够与 ATRA$^{\bullet+}$，ROH$^{\bullet+}$和 ROAT$^+$发生反应，这一结果表明硫化氢无论是以非离子形式还是阴离子形式存在，均具备清除类视黄醇光电离瞬态产物的能力。硫化氢还能够保护溶菌酶免受核黄素诱导的光损伤，硫化氢的这一保护作用可能是通过与核黄素激发三重态和氨基酸自由基发生反应进行的。这部分工作证明了硫化氢清除活性瞬态物质的能力，为了解硫化氢生理作用机制提供一定的理论参考。

（6）根据 ATRA 瞬态光化学和光生物学的结果，本书设计合成了基于介孔 SiO$_2$ 纳米颗粒的 ATRA 载药体系。该体系是在氨基修饰的介孔 SiO$_2$ 纳米颗粒的外表面依次修饰聚乙烯亚胺和叶酸，载体粒径约为 151 nm，Zeta 电位约为 1.89 mV。Hela 细胞能够通过叶酸受体介导的途径吞噬载体。该载体细胞毒性较低，能够提高 ATRA 对 Hela 细胞生长的抑制效率。该部分的工作为深入设计基于功能性介孔 SiO$_2$ 的 ATRA 新剂型提供了一定的借鉴作用。

　　本书的工作确定了类视黄醇在微乳中的光化学反应类型，为比较均相和异相体系中类视黄醇光化学反应差异提供了参考；同时，本书的工作得到了类视黄醇光反应瞬态产物作用于生物分子的直接证据，为了解类视黄醇潜在光毒性的机理和寻找可能的保护途径提供了瞬态动力学方面的理论依据。

目　录

第1章

引 言

1.1 光损伤与光毒性

光对生物分子的损伤可分为直接损伤和间接损伤两种途径(图1-1)，第一种途径是生物分子直接吸收光子，发生光电离或者光激发，生成活性比较高的瞬态物质(阳离子自由基，激发态等)，这些高活性物质直接与生物分子发生反应造成生物分子的损伤；第二种是光敏损伤，是指在光敏剂的诱导下光照对生物分子的损伤，光敏剂吸收光子后生成相应的激发三重态，然后再对生物分子造成损伤。光敏化过程对生物大分子的损伤一般也分为两种类型，第一种是直接损伤(TypeⅠ)，即光敏剂的激发态与底物分子直接发生反应进而对生物分子造成损伤；第二种是间接损伤(TypeⅡ)，此时，光敏剂的激发态与 O_2 发生能量转移或者电子转移生成活性氧(ROS)，然后由 ROS 引起蛋白质、氨基酸、DNA 和 RNA 等生物大分子的损伤[1-9]。

光毒性反应又称光毒反应，是指光敏物质经适当波长和一定时间光照后，对任何生物个体产生的一种非免疫性反应。一种化学物质被认定为具有光毒性应满足以下条件：① 在光的存在的情况下，该类物质对有机体或者细胞具有毒性；② 在没有光存在的情况下，该类物质则没有毒性；③ 在相同的

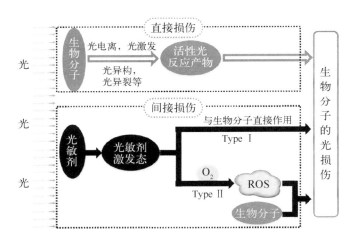

图 1 - 1　光引起的生物分子损伤示意图

光照条件下,当不存在该类物质时,光照对受试有机体或者细胞不显示毒性[10]。因此,在光毒性反应中,只有光敏剂和光照两种因素同时存在时,才能显示一定的生物学效应。光毒性能够引起一系列皮肤异常反应,如瞬间的刺痛感和灼烧感、红斑、皮肤局部水肿[11]。UVA 光源能够激活许多内源的或者外源的光敏剂,这些光敏剂包括核酸、芳香类氨基酸、蛋白质、酮类、醌类、核黄素、卟啉、胡萝卜素、类视黄醇、奎宁、类固醇等。许多内源性的光敏剂分布在皮肤位置,在光的激发下,具有引发光毒性的可能性。例如核黄素,又称维生素 B_2,是广泛存在于有氧细胞中的一种重要的内源性光敏剂,核黄素激发三重态具有较强的氧化性,有着复杂的光化学和光生物学性质。无论在生物体内还是体表的组织器官里(如眼睛和皮肤),在 UVA 与可见光波段的光激发下,核黄素能够被光激发产生激发态,并与细胞内的 DNA、蛋白质或其他组分发生反应,导致细胞死亡或加速衰老[9,12-15]。

许多药物分子在其自身吸收光的激发下,也能发生光激发或者光电离现象,生成活性的中间产物,从而对生物大分子造成损伤,这也是许多药物光毒性的机理。为此,许多工作致力于研究一些具有紫外可见吸收的药物的瞬态光化学性质,表征药物瞬态活性中间体以及它们对生物大分子的反应活性,进而预测药物潜在的光毒性[16-21]。

1.2 类 视 黄 醇

1.2.1 类视黄醇简介

类视黄醇(Retinoids)是一类包括视黄醇在内的视黄醇衍生物的总称。广义上讲,它包括超过 4 000 多种天然的和人工合成的、与视黄醇分子在结构或者功能上相关的物质。天然的类视黄醇是视黄醇(又名维生素 A)的衍生物,它主要包括视黄醇,视黄醛,视黄酸和视黄醇酯类。视黄醇有六种具有生物活性的异构体,但是全反式视黄醇是其最主要的生理存在形式。动物体内不能合成维生素 A,所以天然的类视黄醇只能通过食物(禽蛋、牛奶、黄油、鱼肝油等)以视黄醇,视黄酯类或者 β-胡萝卜素的形式进入动物体内。自由的视黄醇被吸收之后,会被相关酶酯化,然后以视黄醇酯类的形式储存于肝脏之中。视黄醇分子能够被视黄醇脱氢酶可逆地氧化为视黄醛;在视黄醛脱氢酶的作用下,视黄醛能够被不可逆地氧化为全反式视黄酸(All-trans retinoic acid)。在肝组织中,视黄酸最终能够被细胞色素 p450 酶进一步氧化[22,23]。由于天然类视黄醇与人类健康联系最为密切,所以,本书所介绍和研究的重点是视黄醇,视黄醛,视黄酸和视黄酯类这四类物质。

1.2.2 类视黄醇与脂质膜结构之间的作用

类视黄醇的分子结构一般具备一个共同特征,即由三部分组成:一个较大的疏水区域,一个亲水末端和二者的连接部分。它们的这种分子结构与表面活性剂类似,但是,它们的亲水亲油平衡值(HLB)很小,而且水溶性极差,主要是由于它们大都具备一个较大的疏水基团和一个亲水性较弱的极性基团。但该类分子在水相中能够发生自缔合现象,以胶束的形式存在于水相之中,从而增加其在水中溶解度[24,25]。由于类视黄醇具备类似于表面活性剂的两亲性分子结构,所以它们也会显示一定的去污剂特征(Detergent-like effect),从许多方面影响细胞膜的结构和功能[26-28]。如果极性基团为羧基(如视黄酸),在生理条件或者碱性环境中,该类分子会带负电荷,这样一方面可以增加其 HLB 值和临界胶束浓度,另一方面使得该类分子具有更强的去污剂效应。

许多工作研究了天然类视黄醇(主要是视黄醇和视黄酸)与脂质双层膜之间的相互作用[24,28-34]。研究结果发现,它们能够直接插入脂质分子层,进而改变双层膜的性质,例如增加膜的通透性,提高脂质分子在脂质双层结构或者膜中的规整性。不仅如此,它们还能够与脂质分子形成复合胶束从脂质双层结构中抽取脂质分子导致膜结构的解体。在脂质双层膜结构中,视黄酸或者视黄醇的疏水长链直接插入到脂质双层结构的疏水区域,其极性头部通过氢键被锚定在脂质双层和水相的界面区域,因此,针对含有羧基的视黄酸,改变水相中的 pH 值能够直接影响其解离状态[35,36]。

1.2.3 天然类视黄醇生理作用的简介

视黄醇又名维生素 A,它在动物的胚胎发育、视觉活动、组织细胞再生和分化、免疫调节等正常的生理活动中扮演着重要角色[37-44]。维生素 A 的缺乏导致夜盲症,抑制精子的发生(Inhibition of spermatogenesis)和潜在的致畸性(potential teratogenesis)[42]。在动物体内,维生素 A 的缺乏还可能会增加癌症的概率和机体对化学致癌因素的敏感性[45]。在除了视网膜以外的组织中,全反式视黄酸被认为是维生素 A 的活性形式[45,46]。视黄酸主要是通过两类核受体来发挥其生理作用:视黄酸受体和类视黄醇 X 受体,这两类受体是细胞核荷尔蒙受体超家族的成员,分别受到相应的基因调控表达[47-50]。视黄醛在视觉活动中扮演着必不可少的角色,它是视紫红质的辅基,视觉细胞内 11 -顺式视黄醛与视蛋白组成视色素,11 -顺式视黄醛吸收光后异构为全反式视黄醛,使视紫红质构象发生改变,启动视觉的形成[43,44]。

1.2.4　类视黄醇的应用

（1）医药领域

由于类视黄醇具有诱导细胞分化、抗增生、促凋亡和抗氧化的性质,所以它们被认为是一类在医药领域非常具有潜力的化学治疗和预防因素。实际上,它们已经被用于治疗许多种疾病。它们能够有效地治疗一些皮肤病,包括炎症性皮肤病、皮肤癌、皮肤光老化、痤疮、银屑病等[51-54]。而且,许多研究表明,类视黄醇能够抑制多种癌细胞系的生长和增殖,在临床上,全反式视黄酸已被用于治疗急性白血病[22,23,42,55,56]。

（2）化妆品领域

由于类视黄醇酯类衍生物的热稳定性比类视黄醇好,所以,类视黄醇的两种酯类(棕榈酸类视黄酯和乙酸类视黄酯)被广泛地用于化妆品[57]。来自美国食品与药物管理局化妆品自愿注册计划(Voluntary Cosmetics Registration Program)的数据表明,在 2000 年,市场上有 667 种含有棕榈酸类视黄酯的化妆品零售。这些化妆品的种类包括保湿霜,皮肤护理制剂,唇膏,防晒,化妆,沐浴肥皂和洗涤剂[58,59]。

1.3　类视黄醇的光化学性质及其潜在光毒性

1.3.1　类视黄醇的光吸收和光稳定性

太阳光是一个连续光源,它的光源波段可以分为 5 个区域:① 红外光

(>800 nm);② 可见光(400～800 nm);③ UVA（315～400 nm）;④ UVB（280～315 nm）;⑤ UVC(200～280 nm)。由于大气层臭氧层的保护,人类能够避免接触 UVC 的照射,类视黄醇主要吸收在 UVA 范围内的光[58]。由于这类物质在使用过程中不可避免要暴露在外界环境中,所以包含 UVA 的光源均有可能会引起类视黄醇发生不同的光反应,生成对人体可能有害的物质,直接或者间接引起光毒性。事实上,类视黄醇是一类对光很敏感的物质,在光的辐照下,类视黄醇能够发生多种不同类型的光化学反应,包括光异构化、光聚合、光氧化和光降解。实验条件的差异,比如分散相、类视黄醇浓度、光源能量和波长、辐照时间等,均能够在很大程度上影响类视黄醇光化学反应的类型以及它们光降解的产物种类[59]。

1.3.2 类视黄醇的稳态辐照研究结果

UVC(254 nm)光源辐照视黄醇乙醇溶液所得到的产物经分离鉴定为视黄醛、两种环氧化物和其他裂解产物,然而,当加入光敏剂(核黄素和玫瑰红)之后,视黄醇降解速率和降解产物类型都发生了改变[60]。兔子活体和人类体外皮肤实验表明,在 UV 范围内的单色光照射下,视黄醇能够发生光能量依赖性的降解,且与 313 nm,365 nm 和 405 nm 的单色光源相比,334 nm 的光能够更有效地引起视黄醇降解[61]。视黄醇酯类(棕榈酸视黄酯和乙酸视黄酯)的热稳定性比视黄醇高,但是它们比视黄醇更容易发生光降解[57,62]。同样,光敏剂的存在也会显著改变视黄醇酯的光降解产物和速度[60]。在氧气存在的情况下,视黄醛能够被光氧化生成加氧化物,此外,视黄醛还能够发生光异构化反应,生成多种异构化产物,溶剂极性也能够影响产物类型[63]。视黄酸也较容易发生光异构化反应,除了最常见的全反式和13-顺式之间的异构化转变外,在荧光灯的辐照下,光降解视黄酸能够产生至少5种异构化产物。此外,视黄酸还能发生光诱导下的自氧化反应[59]。

1.3.3 类视黄醇的瞬态光化学与光物理学

激光闪光光解和脉冲辐解两种技术被广泛应用于研究类视黄醇的光化学行为,旨在探讨该类物质的光反应机理。

(1) 视黄醇

在不同极性的溶剂中,激光闪光光解视黄醇能够引起视黄醇发生光电离、光异裂、光激发等反应。视黄醇的光电离反应生成视黄醇阳离子自由基(Retinol radical cation),而其光异裂反应则生成视黄基碳正离子(Retinyl carbocation)(图 1-2)[64,65]。这两种瞬态产物具有非常接近的特征吸收峰,它们的最大吸收波长都是在 580~590 nm 之间。视黄醇能够同时发生光电离和光异裂反应,两种反应的比例受溶剂类型和激发光强度的影响,在中等极性(如乙腈、四氢呋喃和丙醇)或者高极性溶剂中,视黄醇发生单光子的光异裂反应,而在氯化的溶剂中,视黄醇倾向于发生光电离现象[65]。视黄醇阳离子自由基具有较强的反应活性,它能够与 β-胡萝卜素和有机胺发生电子转移反应,与卤族阴离子发生加成反应,也可以与吡啶及其衍生物,维生素 C 等发生反应[64,66,67]。在激光闪光光解研究过程中,通过直接的光激发,能够观察到视黄醇单线态的生成($\lambda_{max} \approx 450$ nm)[65]。通过能量转移的方法,Sykes 和 Truscott 确定了视黄醇三重激发态的瞬态特征吸收峰($\lambda_{max} \approx 400$ nm),估算了其三重激发态能(140~150 kJ/mol)[68]。

(2) 视黄醇酯类

激光闪光光解视黄醇乙酸酯也能够发生光激发,光异裂和光电离反应,反应类型受溶剂极性的影响很大[65,69,70]。视黄醇乙酸酯的光激发反应产生相应的激发三线态($\lambda_{max} \approx 405$ nm)[69,70];光异裂反应是光激发产生的激发单线态发生离子型的光解离,脱去乙酸根阴离子,生成视黄基碳正离子的过程(图 1-2)[70,71]。在无水溶剂中,观察不到视黄醇乙酸酯发生光电

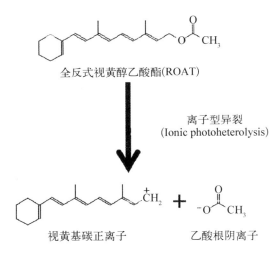

全反式视黄醇乙酸酯(ROAT)

离子型异裂
(Ionic photoheterolysis)

视黄基碳正离子 ＋ 乙酸根阴离子

图 1-2　视黄醇乙酸酯的光异裂反应

离的证据，但是，水的加入能够逐渐改变视黄醇乙酸酯的光反应类型，当视黄醇乙酸酯的甲醇溶液加入水时，会观察到水合电子的生成，说明视黄醇乙酸酯发生了光电离反应[69]。脉冲辐解实验结果表明[66]，视黄醇乙酸酯阳离子自由基与视黄基碳正离子的瞬态吸收非常相近，它们在 590 nm 附近均有一个很强的特征吸收峰，因此，当光异裂和光电离同时发生时，很难区分二者的光反应产物。

（3）视黄酸

在 347 nm 激光的直接激发下，全反式视黄酸在甲醇中能够发生光激发和双光子光电离反应，分别得到相应反应产物：三重激发态($\lambda_{max} \approx 440$ nm)、阳离子自由基($\lambda_{max} \approx 590$ nm)和溶剂化电子[69]。脉冲辐解实验表明，全反式视黄酸阳离子自由基能够与疏水性的 β-胡萝卜素发生电子转移反应，也能够与水溶性的维生素 C 发生反应[67,69]；在浓度较大的情况下，所产生的阳离子自由基还能与基态分子发生聚合反应[72]。

（4）视黄醛

视黄醛是参与视觉活动的一个主要因素，视网膜对外界光线的感应牵涉到 11 -顺式-视黄醛和全反式视黄醛之间的光异构化[43]。这一光异构化过程可能是经过视黄醛激发单线态或者三重态实现的[73]。为此,许多人使用激光闪光光解和脉冲辐解技术对全反式视黄醛的激发三重态进行了大量的研究。全反式视黄醛的三重态最大吸收波长随着溶剂的变化在 445 nm 和 480 nm 之间波动[73-77],其三重态激发能被确定在 159 kJ/mol 附近[75]。视黄醛激发三重态是一个具有氧化活性的瞬态产物,在乙腈体系中,它可以通过抽氢或者电子转移的途径与四甲基对苯二胺、对苯二酚、甲基对苯二酚、2,3 -二甲基对苯二酚和三甲基对苯二酚进行反应,它们的双分子反应速率常数随着还原剂的氧化还原电势的增加而变小[77]。目前,没有实验表明在直接的光激发下视黄醛能够发生光电离反应生成相应的阳离子自由基,但是通过脉冲辐解技术,可以得到视黄醛阳离子自由基和视黄醛阴离子自由基[66,72,78]。

1.3.4　类视黄醇阳离子自由基和视黄基碳正离子

在使用时间分辨光谱技术(脉冲辐解和激光闪光光解)研究类视黄醇瞬态光化学的过程中发现,该类物质的阳离子自由基和视黄基碳正离子具有相近的瞬态吸收,这就为鉴定类视黄醇光反应类型和光反应瞬态产物带来困难。为此,有些工作通过控制反应条件,得到单一的阳离子自由基和视黄基碳正离子,分别研究并比较了两类瞬态物质的差异[65],本文对这些研究工作进行了一定的总结。

二者之间的差异:① 该类物质阳离子自由基均能与β-胡萝卜素发生电子转移反应,生成相应的β-胡萝卜素阳离子自由基,而视黄基碳正离子不会发生这类反应[64,69];② 这两类物质均能与有机胺类发生扩散速率控制的反应,但是,二者的反应机理存在差异:有机胺与阳离子自由基一般发生电子转移反应,而与碳正离子发生亲核加成反应[66];③ 在与卤族阴离子(Cl⁻和Br⁻)反应的过程中,视黄醇阳离子自由基的反应速率常数要比视黄基碳正离子的反应速率常数大一个数量级[64];④ 在类视黄醇的光反应中,阳离子自由基的生成会伴随着溶剂化电子的生成,而视黄基碳正离子主要来自视黄醇和视黄醇酯类的光异裂反应[64,65,69]。

二者之间的相似处:① 除了具有相似的最大瞬态吸收峰,在相同的溶剂中,这两类物质的寿命也接近,而且二者的动力学衰减均不受氧气的影响[66,70,79];② 二者与亲核试剂的反应速率常数在数量级上具有一定的相似性,但是鉴于亲核试剂和溶剂性质的差异,类视黄醇阳离子自由对亲核试剂的反应活性高于或者接近视黄基碳正离子[65]。

Johnston 和 Schepp 研究并比较了不同基团取代的苯乙烯阳离子自由基和相关的碳正离子对亲核试剂的反应活性,结果发现,二者与亲核试剂的反应活性以及反应的趋向性非常相近,阳离子自由基中未配对电子对这类瞬态物质与亲核试剂的反应活性影响不大[80]。为此,El-Agamey 和 Fukuzumi 结合自己的实验结果提出,在相同的反应条件下,比较视黄醇阳离子自由基与视黄基碳正离子对亲核试剂的反应活性时,它们可以被看作是一个接近的模型[64]。

1.4 光毒性和光致瘤性

目前没有明确的证据证明类视黄醇具有光毒性和光致瘤性,无论是临床数据还是实验室数据,实验条件的差异往往会得出不同的甚至相反的实验结果。但是,鉴于类视黄醇与人类健康之间的密切关系以及它们在医药和化妆品领域越来越普遍的应用,在没有最终确定类视黄醇是否具有光毒性和光致瘤性之前,美国食品与药物监督局反而更加重视对这类物质的光毒性和光致瘤性的研究[59]。因此,任何能够证实类视黄醇具有潜在光毒性和光致瘤性的实验结果,都应该引起足够的重视。根据大量的稳态辐照、瞬态动力学和生物医学实验结果,Fu 等人提出了类视黄醇能够引起光毒性和光致瘤性的潜在光反应途径(图 1-3)[59]。他指出,类视黄醇一方面通过光电离、光异构、光氧化、离子型的光异裂等反应机理产生不同种类的瞬态产物(自由基或者其他活性瞬态中间产物)和稳态产物,作用于生物大分子或者正常的细胞生理过程,进而诱导光毒性或者光致瘤性;另一方面,类视黄醇可能扮演内源性光敏剂的角色,通过 Type I 型和 Type II 型的光敏化反应,引起光毒性或者光致瘤性。

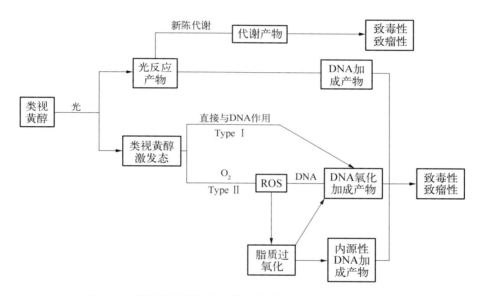

图 1-3 类视黄醇引起光毒性和光致瘤性的潜在光反应途径

1.5 两种研究瞬态动力学的常用技术手段

激光闪光光解(Laser flash photolysis)和脉冲辐解(Pulse radiolysis)是研究分子瞬态动力学常用的两种技术手段。

1.5.1　激光闪光光解

激光闪光光解也被称为时间分辨激光闪光光谱(Time-resolved laser flash spectroscopy)技术,是研究激发态和短寿命中间体结构及其反应性的一种有效手段,广泛应用于涉及光化学的诸多领域。它主要用于三重态和其他瞬态产物(如由分子激发所产生的自由基)的表征和动力学过程的监测。

闪光光解就是利用一定强度的激发光源入射到所研究的体系中,用时间分辨吸收光谱检测系统,记录被激发的样品体系的吸收随时间的演变过程。在外界激发光的作用下,被研究分子能产生很大数量的激发态分子以及其他短寿命中间体,如果浓度足够大,就可以用吸收光谱来观察瞬态产物的生成和衰减过程,并通过实时跟踪浓度随时间的衰变过程来研究反应的动力学过程。该方法较常规的时间分辨荧光和磷光研究能更直观地观察激发态,尤其是自由基反应,可以获取更多的反应机理信息。激光闪光光解技术现在已成为定性或定量研究光物理和光化学过程的强有力工具之一,在涉及光化学反应的学科领域中有着广泛的应用前景。激光闪光光解技术按所用激光的脉宽可分为纳秒(10^{-9} s)、皮秒(10^{-12} s)以及飞秒(10^{-15} s)量级激光闪光光解。不同的激光脉宽也界定了它所能研究化学反应过程的时标。

由于激光闪光光解技术在诸多领域特别是在研究超快反应过程中的广泛应用,使得这项技术越来越受到人们的关注。激光闪光光解装置的研究已有多篇文献报道[81-86],国内的同类和类似装置的研制也有报道。国内进行激光闪光光解研究的科研机构中,上海应用物理研究所是其中开展研究最活跃的单位之一,近五年来,在激光闪光光解领域取得了丰富的科研成果[17,87-91]。

1.5.2 脉冲辐解

脉冲辐解是脉冲辐射解离的简称,是利用辐射化学原理来研究快速反应动力学的一种现代手段。用此,技术可以研究辐射化学的初级反应,也可以研究其他涉及激发态和自由基的化学反应动力学,以及与这些化学活泼粒子反应有关的生物化学、生物物理学等广泛领域内的快速反应动力学和反应机理。脉冲辐解和激光闪光光解不同,对于稀溶液而言,溶剂占了反应体系的绝大部分,所以,它吸收了电子束的绝大部分能量,生成了溶剂分子的各种瞬态产物。由于高能电子的能量极高,所以,它主要使溶剂分子产生自由基或离子自由基等初级瞬态产物,然后才由溶质分子和这些初级瞬态产物反应,生成瞬态产物,然后研究其反应机理[92,93]。

1.6 异相体系中激光闪光光解和脉冲辐解的研究进展

激光闪光光解和脉冲辐解实验大多数是在均相体系中进行。在均相体系中,通过控制条件,得到单一的瞬态活性产物,然后表征它们的瞬态动力学参数,研究它们与其他物质之间的反应,这些结果为了解生物体系中的光化学反应和自由基反应提供了重要信息。但是,没有确切的证据能够说明在均相体系中所得的结论适用于生物体系。生物体系是一个非常复杂的活体系统,在这个活体系统中存在着许多有序的生物分子聚集体(如生物膜、线粒体、蛋白质等),这些生物分子聚集体能够形成独特的微观异相体系[94]。为了了解活体系统中所发生的实际瞬态反应过程,非常有必要寻找特殊的模型来模拟生物分子所处的微观异相结构。为此,胶束和微乳两种异相体系被应用于脉冲辐解和激光闪光光解实验,以研究异相体系中的瞬态反应过程[95-108]。

胶束一般是指表面活性剂分子在水相中超过临界胶束浓度时形成的一种聚集结构,表面活性剂分子的疏水端通过疏水相互作用形成胶束的疏水区域。胶束是一个动态结构,表面活性剂分子进入和离开胶束是一个动态的平衡过程[96]。微乳(Microemulsion),又称为纳米乳,一般指粒径在1~100 nm 之间的乳滴分散在另一种溶液中的胶体分散系统,由于微乳的尺寸效应,它具备以下突出特点:① 光学性质,微乳的外观透明或者半透明,多数呈乳光;② 热力学性质和动力学性质稳定;③ 超低界面张力,使制备过程自发进行。微乳一般分为水包油和油包水两种类型,它一般由 4 种成分组成:水相、油相、乳剂和助乳化剂。与胶束相比,微乳的一个显著的特点就是它具有较大的三维空间,这使得微乳具备以下优势:① 它能够溶解较大的分子而不至于破坏微乳结构;② 微乳具备较大的增溶能力;③ 溶解物在微乳中的溶解比在胶束中更容易[96]。

在使用激光闪光光解和脉冲辐解研究类视黄醇的工作中,有些研究者初步探讨了类视黄醇在胶束中的光化学和自由基化学行为[64,67,110,111]。Bobrowski 和 Das 用脉冲辐解技术,表征了全反式视黄醛阴离子自由基在 CTAB 和 Triton X - 100 胶束中的瞬态吸收和寿命[111]。Różanowska 等人使用三氯甲基过氧自由基氧化 Triton X - 100 胶束中的类视黄醇,得到相应的阳离子自由基,同时研究了阳离子自由基与维生素 C 之间的反应[67]。El - Agamey 和 Fukuzumi 在 Triton X - 100 胶束中研究了水相中 pH 值对视黄醇阳离子自由基衰减的影响[64]。

1.7　课题的提出和意义

类视黄醇在人和动物正常生理活动中扮演着非常重要的角色,它们与人类的健康息息相关。但是,在自然条件下,类视黄醇能够发生复杂的光化学反应。鉴于类视黄醇在生物系统中的重要位置和它在医药和化妆品领域的广泛应用,探讨类视黄醇光化学反应机理,评价其潜在光毒性越来越引起人们的重视。对类视黄醇瞬态光化学行为的研究主要是在均相体系中进行的,但是,类视黄醇是一类疏水性物质,它在活体系统中的实际分布是一种有序的异相分布(生物膜),因此,研究类视黄醇在异相体系中的瞬态光化学和光生物学行为有利于了解天然分布中的类视黄醇所发生的真实光反应,对评价其光毒性具有重要意义。

虽然也有人在胶束中对类视黄醇的瞬态反应行为进行了有限的研究,但是胶束制备复杂,增溶效果和稳定性较差,限制了对类视黄醇瞬态光化学和光生物学行为的研究。鉴于微乳的优势,本书将微乳引入激光闪光光解实验,研究并比较了四种最常见的天然类视黄醇(全反式视黄酸,全反式视黄醇,全反式视黄醛和视黄醇乙酸酯,图1-4)在微乳体系中的瞬态光化学反应,同时对相应的光反应瞬态产物进行了表征;为了探讨类视黄醇潜在的光毒性,研究了类视黄醇光反应瞬态产物与氨基酸,溶菌酶,抗氧化剂以及其他还原性物质的反应。

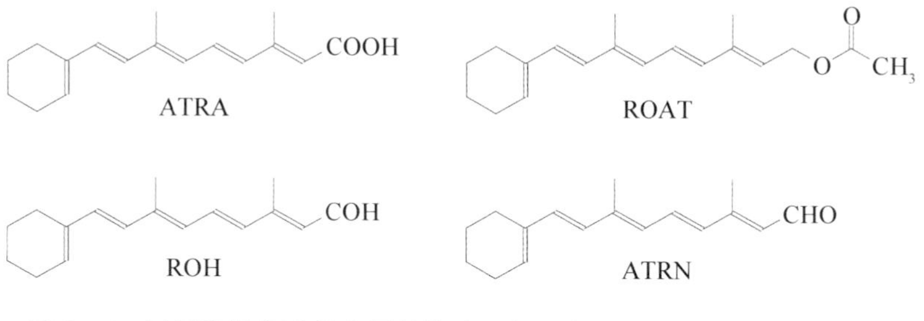

图 1-4　天然类视黄醇的分子结构式:全反式视黄酸(ATRA),全反式视黄醇(ROH),视黄醇乙酸酯(ROAT)和全反式视黄醛(ATRN)

本书的工作确定了类视黄醇在微乳中的光化学反应类型,为比较均相和异相体系中类视黄醇光化学反应差异提供了参考;同时,本书的工作得到了类视黄醇光反应所产生的瞬态活性物质与生物分子之间反应的直接证据,为了解类视黄醇的潜在光毒性和寻找可能的保护途径提供了瞬态动力学方面的理论依据。最后,为了提高全反式视黄酸的光学稳定性和抗癌效果,本书尝试设计了基于介孔二氧化硅纳米材料的叶酸受体靶向的ATRA 纳米载药体系。

第2章

本实验室激光闪光光解装置和数据处理

2.1 本实验室纳秒级激光闪光光解装置简介

本书所使用的装置为同济大学生命科学与技术学院自主研制的纳秒级激光闪光光解装置,其原理如图2-1所示,它由五个相对独立的系统组成,分别为激光光源系统、检测光源系统、透镜组、光电信号接收与转换系统、信号控制与分析系统。该平台的检测波长范围是280~800 nm,包含了近紫外、可见和近红外的波长。这一平台在检测和研究物质的三重激发态和光致电离方面有独到的优势。该装置是完全自行研制、自行组装,拥有自主知识产权,在信号稳定性、信噪比控制、样品分析能力和软件实时处理能力上都达到国内领先水平。结合同济大学生命科学与技术学院的研究优势,近5年来,本课题组已利用该装置开展了多项研究,取得阶段性研究成果[112-120]。

激光源采用固体晶体激光器(J1K1 Laser System 2000 Neodymium/YAG),它可以产生1 064 nm(800 mJ)的激光,通过转换之后,可以产生532 nm(360 mJ),355 nm(240 mJ)和266 nm(80 mJ)的激光,脉冲宽度3~6 ns。

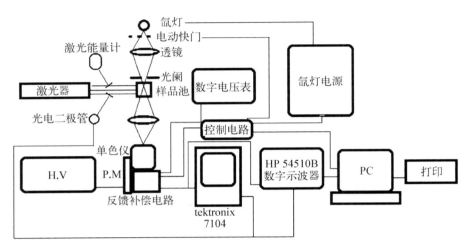

图 2-1 纳秒级时间分辨吸收激光闪光光解装置原理图

分析光源采用的是 300 W 的氙灯,引入一种氙灯瞬时加亮技术,在激光脉冲触发的瞬间,根据检测灵敏度的需要,在数毫秒内通过大电容脉冲放电系统使氙灯的亮度增加至原来的 100 倍,这样,系统检测的信噪比可以提高近十倍,有利于弱瞬态信号的检测,可探测的瞬态产物寿命一般不超过 2 ms。从氙灯光源发出的分析光通过透镜聚焦后照射到样品池上,样品池是由 10 mm×10 mm 透明进口高纯石英制作而成,壁厚为 1.2 mm。

激光闪光光解的时序设计如下:首先输入快门脉冲使快门开启,输入氙灯加亮脉冲,在加亮脉冲起点后 200 μs 输入反馈补偿脉冲,加亮起点后 300 μs 触发激光脉冲,同时输出加亮电压取样脉冲,记录加亮电压,用光导纤维传送激光至光电倍增管转换成电信号,最后电信号触发数字示波器记录瞬态吸收信号,此为一个循环结束。

包含瞬态信号的分析光透过样品池后,再经过透镜组聚焦到单色仪上,然后通过光电倍增管将光信号转变为电信号并进行放大,使用 Agilent 54830B 数字示波器记录数据,数据存入计算机,用自编软件 Photolysis Studio 进行数据处理。

该系统中,激光作为激励源,促使瞬态反应的发生。从图 2-1 中可以看出,激光光源与分析光是垂直交叉的。控制器用来控制分析光的导通和激光的触发。在非触发的状态下,平台中的快门呈关闭状态,分析光被快门挡住。控制器发出触发指令的瞬间,快门打开,分析光瞬间加亮并透过快门,与之同时,激光器被触发,发出的激励光源打到样品上,促使反应的发生。这样,透过样品池的分析光就包含了化学反应的信号。

2.1.1　本实验室激光闪光光解装置的主要组成部分

激光闪光光解装置系统由以下几个主要部分组成。

(1) 激发光源:目前普遍采用的是 Q 开关或锁模 Nd:YAG 激光器(或准分子和氮分子激光器)。我们采用了 Q 开关 Nd:YAG 激光器,该激光器具有输出能量大($\geqslant 10^{16}$ 个光子/脉冲)、短脉宽(脉冲半宽$\leqslant 5$ 毫微秒)和波长范围大(1 064、532、355 和 266 nm)等优点,可保证激发样品时,在极短的时间内产生高浓度的激发态分子,得到较强的观测信号。利用泵浦染料激光器与其配合使用,可以获得波长范围更宽的光脉冲,以满足不同样品对激发波长的要求。激光器配套能量计,感应面垂直等高置于激光光路上,为 COHERENT 公司 EPM1000 型号,用于检测单次脉冲激光强度。

(2) 检测光源:对于荧光或磷光量子产率很低的激发态中间体和没有发光过程的中间体,通过瞬态吸收光谱检测是行之有效的方法。由于各种瞬态中间体的性质不同,并且浓度不大,所以它们对光的吸收分布在不同范围同时吸收值较低。因此要求检测光源具有宽广的光谱范围和较高的光强度,脉冲氙灯是被广泛采用的光源,它有良好的稳定性和重复性。

(3) 信号检测和数据处理:在快速或超快速光化学反应中,各种瞬态中间体的存在寿命极短(毫微秒量级以上),而且相对浓度低。因此发展了多种快响应、高灵敏和低噪声的检测器(快响应光电倍增管、光谱多道分析器和条纹相机等)。信号经过快速接收转换和存贮,最后由计算机对得到的数据进行计算处理,可得到准确的瞬态光谱变化情况。目前我们采用快响应光电倍增管接收光谱衰减曲线,光学光谱多道分析器接收瞬态光谱,为研究快速反应过程提供了必要条件。

2.1.2 本实验室激光闪光光解装置的基本原理

英国科学家 Porter 教授为研究光化学反应机理发明了闪光光解技术,经过科学技术几十年的发展,它已成为在化学、生物学等领域普遍应用的激光闪光光解谱仪,研究水平也由微秒达到了毫秒或更短。

激光闪光光解系统是采用短脉冲的激光作为激发光源。一个激光脉冲激发样品后,在其垂直方向用检测器观测样品被激发后所产生的瞬态中间体对检测光的吸收或本身的发射光谱随时间的变化情况。根据样品的紫外吸收光谱,选择合适的激发波长,经聚焦照射在样品上;在激发光束垂直方向上,通过聚焦使样品的发射光或透过样品的检测光进入单色仪,分光后由检测器接收和记录关于发光中间体的信号,可直接接收中间体随时间的光谱变化和衰减曲线,经计算机计算处理,得到样品的时间分辨瞬态发射光谱及相应的衰减寿命。

分析光透过样品时,有一部分波长的光会被样品本身吸收。我们称之为本底吸收。当分析光的一部分光被吸收后,透过样品的光将缺少该部分波长,而剩余波长的光将到达单色仪,在经过单色仪分光后,被样品吸收的光(即本地吸收)将会被检测到。光电转换之后,将会以一个反吸收的波形显示在示波器上。

激光作为激发反应的光源,主要被溶液中的溶质吸收,如果没有发生反应,透过样品的分析光还是本底吸收。如果在激光的激励下,发生了瞬态(在几微秒的时标内)化学反应,那么,该反应所产生的瞬态物质(或称之为中间产物)将会吸收一定波长的光,这将改变本底吸收的信号。通过时序控制和程序处理,我们把本底吸收的信号剥离出去,剩下的就是瞬态产物的信号。这样,我们接收不同时刻的光谱信号,经计算机处理,即可得到中间体的时间分辨吸收光谱和衰减寿命。激光闪光光解正是根据上述这一原理来监测瞬态反应是否发生并通过设计实验来判断瞬态产物的归属。

在实际运行中,要设计一个时序(即平台中各个元件工作的先后次序),如:先让分析光瞬间加亮,根据氙灯到快门之间的距离,再设计一个合理的时间后,让快门打开,让加亮后的分析光通过快门到达样品池。在这一过程中,还要设计一个合理的激光触发时间,使激光在分析光到达样品池的瞬间激励样品发生反应,只有这样,分析光中才包含瞬态反应的信号。

2.2　瞬态产物动力学分析方法

2.2.1　瞬态产物的动力学衰减符合一级动力学

若瞬态产物的动力学符合一级动力学,即

$$S \rightarrow P(k_1) \tag{2-1}$$

则 S 衰减的速率为

$$\frac{-\mathrm{d}[S]}{\mathrm{d}t} = k_1[S] \tag{2-2}$$

积分得到下式:

$$\ln([S]_t) = \ln([S]_0) - k_1 t \tag{2-3}$$

式中　$[S]_0$——瞬态产物 S 的初始浓度;

$[S]_t$——瞬态产物 S 在 t 时刻的浓度。

以相应的吸光度 ΔOD 代替浓度$[S]$,则有

$$\ln(\Delta\mathrm{OD}_t) = \ln(\Delta\mathrm{OD}_0) - k_1 t \tag{2-4}$$

若以 $\ln(\Delta\mathrm{OD}_t)$ 对 t 作图,可得一条直线,其斜率的绝对值即为瞬态产

物的(表观)一级衰减速率常数 k_1,那么,它的半衰期为

$$\tau_{1/2} = 0.693/k_1$$

2.2.2 瞬态产物的动力学衰减符合二级动力学

若瞬态产物的动力学符合二级动力学,即

$$S + S \rightarrow P(k_2) \tag{2-5}$$

此时,S 的衰减速率为

$$\frac{-\mathrm{d}[S]}{\mathrm{d}t} = k_2 [S]^2 \tag{2-6}$$

积分后,并以相应的吸光度 ΔOD 代替对应的浓度 $[S]$,则有

$$1/(\Delta OD_t) = 1/(\Delta OD_0) + tk_2/\varepsilon L \tag{2-7}$$

以 $1/(\Delta OD_t)$ 对 t 作图得到一条直线,其斜率为 $k_2/\varepsilon L$,因此,要得到二级动力学的速率常数 k_2,就必须知道反应物 S 的消光系数 ε,符合二级衰减的半衰期由 $\tau_{1/2} = 1/k_2[S]_0$ 给出。

在一个二级反应里,若一反应物浓度远远大于另一反应物浓度,其动力学过程为准一级反应规律,可按一级动力学处理。

以上瞬态产物的吸收光谱检测和动力学分析采用自编的数据处理系统 Photolysis Studio。

2.3 激光闪光光解实验涉及的基本自由基反应理论

在激光闪光光解实验中,不同的溶剂条件下发生的反应会有所差别,常根据实验目的和研究化合物的溶解性选择不同的溶剂,从而得到相应的

结果。

2.3.1　氧化亚氮气氛饱和

在水溶液体系中，N_2O 可以清除受激光激励后发生光电离的物质产生的水合电子(e_{aq}^-)，叔丁醇的加入(t - BuOH)可以清除羟基自由基，生成反应活性极低的叔丁醇脱氢自由基($^\bullet CH_2C(CH_3)_2OH$)，不与基质进一步作用，且自身无吸收信号，因而不影响分析结果。

$$e_{aq}^- + N_2O + H_2O \longrightarrow {}^\bullet OH + OH^- + N_2 \tag{2-8}$$

$${}^\bullet OH + (CH_3)_3COH \longrightarrow {}^\bullet CH_2C(CH_3)_2OH + H_2O \tag{2-9}$$

总反应：

$$e_{aq}^- + N_2O + (CH_3)_3COH \longrightarrow {}^\bullet CH_2C(CH_3)_2OH + OH^- + N_2$$
$$\tag{2-10}$$

2.3.2　氧气气氛饱和

O_2 同样可以清除光电离物质产生的 e_{aq}^-，同时还可以有效猝灭被研究化合物的激发态式(2 - 11)，式(2 - 12)。

$$e_{aq}^- + O_2 \longrightarrow O_2^{\bullet -} \tag{2-11}$$

$$A^* + O_2 \longrightarrow {}^1O_2^* \tag{2-12}$$

2.4　微乳中双分子反应速度常数的计算

由于类视黄醇属于两亲性物质，它们在微乳液中的分布比较灵活，既可以像表面活性剂一样分布在微乳的油水界面，又能以胶束的形式单独分散于水相体系,很难确定某一种分布类型的类视黄醇分子数[24,28-34],因此,在微乳体系中所计算出的双分子反应速率常数代表的是一种表观的、平均的速率常数。

　　类视黄醇阳离子自由基的衰减不受 O_2 的影响,且这类瞬态物质在 590 nm 处的瞬态吸收非常强,水合电子在 590 nm 的吸收与类视黄醇阳离子自由基的吸收相比可以忽略不计,因此,本书在计算类视黄醇阳离子自由基与其他物质的双分子反应速度常数时,均是在空气气氛下进行的,双分子反应速度常数的计算是按照式(2-13)进行线性拟合的:

$$k_{obs} = k_0 + k_R[R] \qquad (2-13)$$

在式(2-13)中,k_{obs} 代表活性瞬态物质(类视黄醇阳离子自由基)在其特征吸收峰位置的假一级表观衰减速率常数(单位:$10^6 \ \text{s}^{-1}$),k_0 代表在没有还原剂的情况下活性瞬态物质在其特征吸收峰位置的假一级表观衰减速率常数,$[R]$ 代表还原性物质的浓度,k_R 为线性拟合斜率,通过 k_R 值计算双分子反应速度常数(单位:$\text{M}^{-1}\text{s}^{-1}$)。

第*3*章

全反式视黄酸微乳体系的激光闪光光解的研究

3.1 概　　述

全反式视黄酸（All-trans retinoic acid,简写 ATRA），又称为全反式维甲酸，是维生素 A 在动物体内的主要活性形式，它发挥着许多重要的生理作用[37-42]。作为药物，ATRA 被证实能够抑制多种肿瘤细胞的增殖，临床上，ATRA 已经被用于治疗急性白血病[55,56]。此外，ATRA 能够有效地治疗痤疮、银屑病、炎症性皮肤病和皮肤光老化等皮肤病[51-54]。然而，ATRA 在皮肤用药时，会引起皮肤的光敏化，不仅如此，ATRA 的使用还可能存在光毒性和光致瘤性的风险[121-123]。

为了探讨 ATRA 的潜在光毒性机理，许多工作使用激光闪光光解技术研究 ATRA 的瞬态光化学。研究结果表明，在其吸收光的激发下，ATRA 既能发生光激发，生成三重激发态，又能发生光电离生成 ATRA 阳离子自由基（ATRA$^{\bullet+}$）和溶剂化电子[69]。根据 Fu 提出的类视黄醇引起光毒性的潜在光化学途径（图 1-3），类视黄醇一方面能够作为内源性光敏剂，诱导 TypeⅠ型和 TypeⅡ型的光敏化反应，另一方面，类视黄醇可能发生其他的光化学反应,生成能够直接作用于生物大分子的活性物质[59]。ATRA 的光激发反应表明 ATRA 是一个潜在的内源性光敏剂,而光电离产生的阳离子自由基有可能从另一条途径直接损伤生物分子。但是,对这些途径的推测面临着以下两个问题:

(1) 关于 ATRA 瞬态光化学的研究都是在均相体系中进行的,但是无论是 ATRA 的天然分布,还是在药剂中的分布,都是异相分布,因此,ATRA 在异相体系中发生的光化学反应是否与均相体系中相同仍然是一个值得探讨的问题。

(2) 关于 ATRA 光反应瞬态产物的反应活性研究不多,只有 Różanowska 等人通过脉冲辐解技术考察了 ATRA$^{•+}$ 与抗坏血酸之间的反应[67]。表征这些瞬态产物与生物分子之间的反应活性,能够直接判断 ATRA 的光反应产物能否作用于生物分子。ATRA 的溶剂多是非极性溶剂或者中等极性的醇溶剂,这些均相体系很难构建水难溶的 ATRA 与水溶性生物分子之间的二元反应体系,从而限制了研究 ATRA 光反应瞬态产物与生物分子之间的反应。

为了克服这些困难,本章在微乳中对 ATRA 进行激光闪光光解研究,该部分工作表征了 ATRA 在微乳中的光反应类型和瞬态反应产物种类,考察了水相 pH 的变化对反应类型的影响;随后研究了 ATRA$^{•+}$ 与溶菌酶和氨基酸之间的反应,为阐释 ATRA 光毒性机理提供了重要理论依据,同时,本章工作还研究了 ATRA$^{•+}$ 与其他还原剂之间的反应,试图寻找有效清除 ATRA$^{•+}$ 的抗氧化剂。

3.2 实验仪器、试剂和样品制备

3.2.1 实验仪器

纳秒级激光闪光光解装置(同济大学生命科学与技术学院研制);

激光能量计 EPM1000(美国 COHERENT)；

可控流量通气仪(同济大学生命科学与技术学院研制)；

紫外-可见分光光度仪 CARY 50 Probe(美国 VARIAN)；

DELTA－320 型 pH 计(梅特勒-托利仪器有限公司)；

电子分析天平 AL204(瑞士 METTLER TOLEDO)；

超纯水器 Milli－Q(美国 MILLIPORE)。

3.2.2　试剂

全反式视黄酸(ATRA),Sigma,≥98％；

β-胡萝卜素(β－car),Fluka,≥97％；

叠氮钠(NaN_3),Sigma－Aldrich,≥99.5％；

叔丁醇,Sigma－Aldrich,≥99.5％；

二苯胺,国药化学试剂有限公司,化学纯；

N，N-二甲基苯胺,国药化学试剂有限公司,AR；

没食子酸,国药化学试剂有限公司,AR；

环己烷,国药化学试剂有限公司,AR；

正丁醇,国药化学试剂有限公司,AR；

$NaH_2PO_4 \cdot 2H_2O$,国药化学试剂有限公司,AR；

$Na_2HPO_4 \cdot 12H_2O$,国药化学试剂有限公司,AR；

$Na_3PO_4 \cdot 12H_2O$,国药化学试剂有限公司,AR；

浓磷酸,国药化学试剂有限公司,CP；

酪氨酸(Tyr),国药化学试剂有限公司,AR；

抗坏血酸(VC),国药化学试剂有限公司,＞99.7％；

没食子酸,国药化学试剂有限公司,分析纯；

色氨酸(Trp),上海生工生物工程有限公司,＞98.5％；

还原性谷胱甘肽(GSH),上海生工生物工程有限公司,＞98％；

十二烷基硫酸钠(SDS),上海生工生物工程有限公司,>99％;

维生素 E,上海生工生物工程有限公司,>99％;

L-半胱氨酸盐酸盐-水,上海生工生物工程有限公司,>98％;

溶菌酶(Lyso),上海生工生物工程有限公司,生化试剂;

姜黄素(Cur),阿拉丁,98％;

亚油酸,阿拉丁,≥99％;

没食子酸丙酯(PGA),阿拉丁,98％;

叔丁基对苯二酚(TBHQ),阿拉丁,98％;

2,6-二叔丁基对甲酚(BHT),阿拉丁,>99％(GC);

高纯氧,高纯氮,高纯氧化亚氮:上海浦江特气有限公司,含量 99.999％。

3.2.3 样品的制备

微乳由油相、表面活性剂、水相和助表面活性剂组成,本文中油相使用环己烷,表面活性剂为SDS,助表面活性剂为正丁醇,水相为 0.04 M 的磷酸缓冲溶液。配制微乳时,首先将 SDS,正丁醇和水按照质量比 1∶2∶1 进行超声混合成溶液,称之为乳剂,然后将环己烷,乳剂和水相按照体积比 2∶6∶17 进行混合,则澄清透明的微乳便可自发形成。在制备待测物微乳液时,可根据待测物的溶解性差异,将它们事先溶解于环己烷、乳剂或者水相中,然后再按照固定体积比混合,便可制备含有待测物的微乳体系。不同 pH 值的微乳体系是通过加入不同 pH 值的磷酸盐缓冲液配制的,而缓冲溶液是由 H_3PO_4,NaH_2PO_4,$NaHPO_4$ 和 Na_3PO_4 分别按照不同的比例配制的,最终微乳液的磷酸盐浓度为 0.04 M。

在制备气氛饱和的样品时,直接通气会造成环己烷的挥发和样品起泡现象,严重影响样品的最终体积和实验结果,因此,应将环己烷,乳剂和水相分别经目的气体饱和至少 20 min,然后在相应气体的保护下,按固定体积比将目的气体饱和过的环己烷、乳剂和水相混合,密封混匀,便可进行实验。

3.3　结果与讨论

3.3.1　ATRA 微乳的紫外吸收

类视黄醇具有类似于表面活性剂的两亲性分子结构,在生物体系中,这类物质的分子结构特点使得它们倾向分布于生物膜脂质双层结构中。在脂质双层膜结构中,视黄酸的疏水长链通过疏水相互作用插入到脂质双层结构的疏水区域,其极性头部通过氢键被锚定在脂质双层和水相的界面区域,水相中 pH 值的变化能够直接影响视黄酸羧基的解离状态[35,36]。因此,可以推测 ATRA 在微乳中的分布位置(图 3 - 1),即:ATRA 的疏水长链插入到微乳的油相,其极性头部则被锚定在微乳的油水界面上。

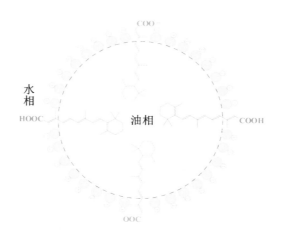

图 3 - 1　ARTA 在微乳体系中的分布示意图

由于在本实验中,激光闪光光解的激发波长分别在 266 nm 和 355 nm,因此,在制备微乳液时,其各种组分的选择避免使用在紫外可见波段具有吸收的物质,使得不含待测物的空白微乳体系在 266 nm 和 355 nm 的吸收可以忽略(图 3-2)。水相中,pH 值的变化能够影响 ATRA 在微乳液中的吸收峰,随着 pH 值的升高,ATRA 的最大吸收峰(λ_{max})发生蓝移,并在 355 nm 和 335 nm 之间变动(图 3 - 3)。在脂质双层结构中,ATRA 的 λ_{max} 也会发生类似的 pH 值依赖性的变化,λ_{max} 的蓝移是由 ATRA 脱质子引起的[35,36]。

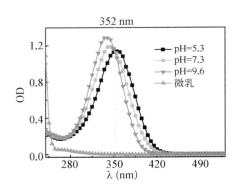

图 3 - 2 pH=7.3 的空白微乳(- ▲ -)和不同 pH 值的 ATRA (0.024 mM)微乳的紫外可见吸收光谱

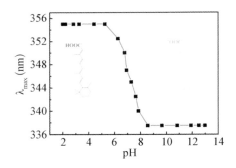

图 3 - 3 微乳中 ATRA 的 λ_{max} 随 pH 值的变化曲线

3.3.2 ATRA 在微乳中 pK_a 的确定

根据 Lambert - Beer 定律,在 ATRA 和其脱质子形式(ATRA⁻)都具有吸收的波段内的任一波长($\lambda_{固定}$)处的 OD 值等于 ATRA 两种形式的吸

光度之和(式(3-1)):

$$OD = \varepsilon_1 L[\text{ATRA}^-] + \varepsilon_2 L[\text{ATRA}]$$

$$= L(\varepsilon_1 - \varepsilon_2)[\text{ATRA}^-] + a\varepsilon_2 L([\text{ATRA}^-] + [\text{ATRA}] = a)$$

$$= aL(\varepsilon_1 - \varepsilon_2)\frac{[\text{ATRA}^-]}{[\text{ATRA}^-] + [\text{ATRA}]} + a\varepsilon_2 L$$

$$(3-1)$$

在式(3-1)中,$[\text{ATRA}^-]$是 ATRA^- 的摩尔浓度,$[\text{ATRA}]$是 ATRA 的摩尔浓度;ε_1 和 ε_2 分别是 ATRA^- 和 ATRA 在 $\lambda_{固定}$ 处的摩尔消光系数。在该实验条件下,L,a,ε_1 和 ε_2 是常数,由此可以看出,在不同 pH 值条件下,OD 值正比于 ATRA 的脱质子化程度。然后由公式(3-1)和 Henderson-Hasselbach 方程可以推导出 OD 与 pH 之间的关系式(3-2):

$$\frac{OD - a\varepsilon_2 L}{aL(\varepsilon_1 - \varepsilon_2)} = \frac{[\text{ATRA}^-]}{[\text{ATRA}^-] + [\text{ATRA}]} = \frac{1}{1 + 10^{(pK_a - pH)}} \quad (\varepsilon_1 \neq \varepsilon_2)$$

$$(3-2)$$

由(3-2)式中可以看出,$\varepsilon_1 = \varepsilon_2$ 时的波长位置是 ATRA 和 ATRA^- 的等吸收点,在 352 nm 附近(图 3-2),使用公式(3-2)计算 pK_a 值时,尽量避开在 352 nm 处取值,因为在 352 nm 附近 OD 值随 pH 值的变化不明显,计算所得到的 pK_a 值误差较大。在 $\lambda_{固定}$ 处,将不同 pH 值和相应 pH 下所对应的 OD 值按照式(3-2)使用 origin7.5 进行拟合,便可得到一个 pK_a 值。选取 25 个不同的 $\lambda_{固定}$,经拟合得到 25 个 pK_a 值,取平均值 6.98 作为 ATRA 在微乳中的 pK_a 值(式(3-3)):

$$(3-3)$$

3.3.3 ATRA 在微乳中光电离的表征

由图 3-2 可知,空白微乳在 355 nm 处的吸收很弱,相比于 ATRA 可以忽略,因此,当 355 nm 激光脉冲激发样品时,激光能量主要被 ATRA 吸收。

氮气饱和后,pH=7.4 的 ATRA 微乳体系经 355 nm 激光闪光光解作用后,分别在 420 nm,590 nm 和 620~760 nm 波长区域出现三个特征吸收峰,在 350 nm 处出现一个强的光漂白现象(图 3-4)。350 nm 处是 ATRA 基态的吸收波段,该处发生光漂白说明 ATRA 被消耗,发生了光反应[124]。

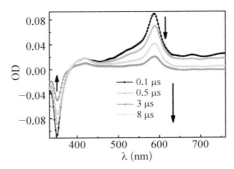

图 3-4 在 pH=7.4 和 N₂ 饱和的条件下,355 nm 激光闪光光解 ATRA(0.06 mM) 微乳体系所得到的在 0.1 μs,0.5 μs,3 μs 和 8 μs 时刻的瞬态吸收谱图

620~760 nm 处是一个较宽的连续吸收带,与水合电子(e_{aq}^-)的特征吸收很相似,且经 e_{aq}^- 清除剂 O_2 和 N_2O 饱和后,该处吸收消失(图 3-5)。e_{aq}^- 的最大吸收在 720 nm 附近,而本实验中 720 nm 处的动力学衰减过程在 O_2 和 N_2O 作用下明显加快,几乎消失(图 3-6A),因此可以判断 620~760 nm 的吸收应归属于 e_{aq}^- 的吸收[125]。e_{aq}^- 的出现是光电离发生的直接证据,说明在 355 nm 激光激发下,ATRA 发生了光电离。

590 nm 处的吸收峰的强度和动力学衰减几乎不受 O_2 或者 N_2O 的影响(图 3-5 插图),因此,590 nm 处的吸收峰应归属于 ATRA 阳离子自由基(ATRA$^{•+}$)的吸收峰。比较三种气氛下 420 nm 处的动力学衰减曲线可

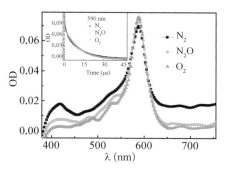

图 3‑5　在 pH＝7.4 的条件下,355 nm 激光闪光光解分别经 N₂ 饱和(-■-),N₂O 饱和(-●-)和 O₂ 饱和(-▲-)的 ATRA(0.06 mM)微乳体系后在 0.5 μs 的瞬态吸收谱图。插图:590 nm 的动力学衰减曲线在 N₂,O₂ 和 N₂O 饱和条件下的比较

以发现(图 3‑6B),在 N_2 条件下,420 nm 处的动力学衰减有一个快速生成过程,N_2O 加叔丁醇能够清除生成过程,说明该处所对应的瞬态产物应该是 e_{aq}^- 的次级反应产物。ATRA 能够与 e_{aq}^- 发生反应生成阴离子自由基($ATRA^{\bullet-}$,其 λ_{max} 在甲醇中为 480 nm,在环己烷中为 510 nm),$ATRA^{\bullet-}$ 能够衰减生成一种长寿命瞬态物质(甲醇中 λ_{max} 为 420 nm),其衰减速度随着溶剂质子化能力的增加而增加[69,78]。本实验的反应体系是水包油的微乳体系,水是主要组分,它比甲醇的质子化能力强,因此,微乳中 $ATRA^{\bullet-}$ 的

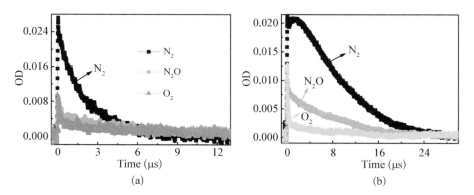

图 3‑6　在 pH＝7.4 的条件下,355 nm 激光闪光光解分别经 N₂,N₂O 和 O₂ 饱和的 ATRA(0.06 mM)微乳体系所得到的在 720 nm(a)和 420 nm(b)处的动力学衰减曲线

衰减反应比甲醇体系中快,这也就解释了为什么我们无法直接观察到 $ATRA^{\bullet-}$ 的瞬态吸收。而 420 nm 处的生成过程很可能是 $ATRA^{\bullet-}$ 衰减生成产物的过程。

在 N_2O 加叔丁醇的条件下,依然存在某种瞬态产物的衰减过程,但是, O_2 能够明显加快这一瞬态产物的衰减速度,由于 O_2 不仅是 e_{aq}^- 清除剂,也是三重激发态猝灭剂,因此可以断定,420 nm 处的瞬态吸收也包含 ATRA 三重激发态($^3ATRA^*$)的吸收,说明 ATRA 在本实验条件下也发生了光激发反应生成了 $^3ATRA^*$。事实上,在甲醇体系中,347 nm 激光激发造成 ATRA 光电离的同时,也会引起 ATRA 发生光激发现象,生成 $^3ATRA^*$($\lambda_{max} \approx 440$ nm),所不同的是,在甲醇体系中, $^3ATRA^*$ 的瞬态吸收强度远大于 $ATRA^{\bullet+}$ 在 590 nm 处的吸收[69],而在微乳液中则恰恰相反,说明在微乳液中,ATRA 更倾向于发生光电离反应。

3.3.4 pH 值对微乳中 ATRA 光电离的影响

从图 3-7(a)中可以看出,590 nm 处 $ATRA^{\bullet+}$ 的动力学衰减曲线对 pH 值很敏感,随着 pH 值的降低,590 nm 处的最大 OD 值(ΔOD)减小。在 O_2 饱和的体系中,590 nm 处 e_{aq}^- 的吸收可以被排除,那么此时 590 nm 处 ΔOD 强度则正比于 $ATRA^{\bullet+}$ 的量子产额,即是说,随着 pH 值降低, $ATRA^{\bullet+}$ 的量子产额下降。

为了探讨 pH 值的变化如何影响 ATRA 的光电离,本章考察了不同 pH 值下的 ΔOD 与 pH 值之间的关系(图 3-7(b))。结果发现,pH 值与 ΔOD 之间的关系很类似于滴定曲线,因此,我们尝试将 pH 数值与对应 ΔOD 按照式(3-2)通过 origin7.5 进行拟合,所得到的滴定突变点位置为 7.04,这一数值与 ATRA 的 pK_a 值(6.98)非常接近;图 3-7(b)中的虚线是根据 Henderson-Hasselbach 方程,固定 $pK_a = 6.98$,通过 origin7.5 拟合的一条反映 ATRA 脱质子化程度与 pH 关系的理论曲线,可以看出,

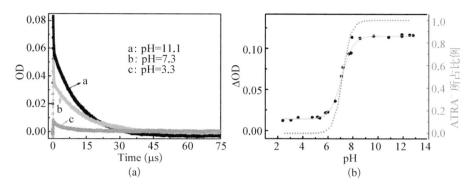

图 3 – 7　(a) 355 nm 激光闪光光解 O₂ 饱和的 ATRA(0.06 mM)微乳体系所得到的 590 nm 处动力学衰减受 pH 的影响。(b) 355 nm 激光闪光光解 O₂ 饱和的 ATRA(0.06 mM)微乳体系所得到的 590 nm 动力学衰减的 ΔOD 随 pH 值的 变化趋势(●),实线为 ΔOD 值与对应的 pH 值使用式(3 – 2)进行拟合所得曲 线。虚线(…)是将 pKₐ 固定在 6.98,按照式(3 – 2)进行拟合所得的理论滴定 曲线

ATRA$^{\bullet+}$的量子产额与 ATRA 的脱质子化程度有着一致的变化趋势,因此可以推断,pH 值是通过影响 ATRA 解离状态来改变 ATRA 光电离反应的量子产额。很明显,ATRA 的脱质子形式利于 ATRA 发生光电离反应。

3.3.5　ATRA 在微乳中光电离类型的确定

为了确定在微乳中 ATRA$^{\bullet+}$的生成是单光子过程还是双光子过程,本章研究了在 O₂ 饱和的微乳中,590 nm 处的 ΔOD 与对应的相对激光强度(I_L)之间的关系(图 3 – 8)。从图 3 – 7(b)可以看出,在 pH=9.3 时,ATRA 几乎以 ATRA$^-$的形式存在,当 pH=4.5 时,ATRA 则以未解离的形式存在,因此图 3 – 8(a)和图 3 – 8(b)分别反映了 ATRA$^-$和 ATRA 的光反应类型。由图中可以看出,在两种 pH 值条件下,微乳中 ΔOD 值随 I_L 的变化趋势均符合甲醇体系的结果。ATRA 在甲醇溶液中的光电离类型是双光子过程[69]。因此,微乳中 ATRA$^{\bullet+}$的生成应归属于双光子过程,ATRA 的脱质子化尽管改变了 ATRA$^{\bullet+}$的量子产额,但是不影响其双光子的生成过

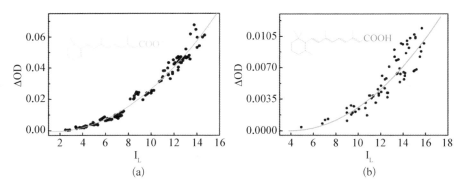

图 3‑8 分别在 pH＝9.3(a)和 pH＝4.5(b)的条件下,355 nm 激光闪光光解 O₂饱和的 ATRA(0.06 mM)微乳体系所得到的 590 nm 处 ΔOD 随 I_L 的变化。实线是使用 origin7.5 拟合的二次函数曲线

程。在酸性条件下无法观察到水合电子的吸收,因此不能直接判断 ATRA 是否发生了光电离反应。但是在甲醇体系中,ATRA 解离受到抑制,其主要是以未解离的形式存在,而 ATRA$^{•+}$ 的生成是一种双光子的光电离过程[69],因此推测,微乳中 ATRA 也是通过光电离反应生成 ATRA$^{•+}$。

3.3.6 ATRA$^{•+}$ 与有机胺之间的反应

为了考察 ATRA$^{•+}$ 的反应活性,本文使用不同种类的还原剂与 ATRA 构建成二元反应体系。本书选用了 N, N‑二甲基苯胺(DMA)和二苯胺(DPA)来考察 ATRA$^{•+}$ 与有机胺之间的反应,因为这两种有机胺经常用于瞬态动力学研究,以考察自由基与有机胺类亲核试剂之间的反应,而且它们的阳离子自由基的特征吸收已确定[108,125,126]。它们在 355 nm 处几乎没有吸收,因此,在与 ATRA 构成二元反应体系时,可以排除发生 DMA 和 DPA 吸收 355 nm 激光能量,发生光电离生成相应阳离子自由基进而干扰实验的可能性。

在 pH＝7.4 和 O₂饱和的条件下,355 nm 激光闪光光解含有 ATRA 和 DMA 的微乳体系所得到的动力学衰减曲线表明,随着 DMA 浓度的增加,ATRA$^{•+}$ 在 590 nm 处的动力学衰减逐渐增加(图 3‑9),将 DMA 浓度

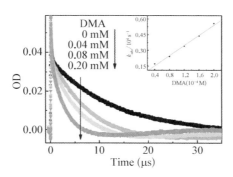

图 3 - 9 在 pH＝7. 4 和 O₂饱和的条件下,355 nm 激光闪光光解 ATRA(0. 06 mM)和不同浓度 DMA(0. 04 mM,0. 08 mM 和 0. 20 mM)的微乳体系后在 590 nm 处动力学衰减曲线。插图:ATRA$^{\bullet+}$ 在 590 nm 的 k_{obs} 与相应 DMA 浓度值之间的线性拟合

值与对应 DMA 浓度下 ATRA$^{\bullet+}$ 在 590 nm 处的 k_{obs} 按照式(2 - 13)进行线性拟合(图 3 - 9 插图),由斜率值可求算出 ATRA$^{\bullet+}$ 与 DMA 的反应速率常数(表 3 - 1)。

在 pH＝7. 4 的条件下,经 O₂ 饱和后,355 nm 激光闪光光解含有 ATRA(0. 06 mM)和 DMA(4 mM)的微乳体系所得到瞬态吸收谱图表明(图 3 - 10A),ATRA$^{\bullet+}$ 的衰减非常快,在 1. 5 μs 时刻,其在 590 nm 处的瞬态吸收已基本消失,而此时在 470 nm 处则出现一个新的瞬态吸收峰,它与 DMA 阳离子自由基(DMA$^{\bullet+}$)的特征吸收峰相似[108],因此可以推断该处的瞬态物质应归属于 DMA$^{\bullet+}$。由于 DMA 在 355 nm 处没有吸收,因此可以排除 DMA 吸收 355 nm 激光发生光电离生成 DMA$^{\bullet+}$ 的可能性。那么,DMA$^{\bullet+}$ 应该是 ATRA$^{\bullet+}$ 与 DMA 之间的电子转移反应的产物。

由于 ATRA$^{\bullet+}$ 与 DMA$^{\bullet+}$ 的瞬态吸收发生重叠,因此从 470 nm 处的动力学衰减曲线中无法直接观察到 DMA$^{\bullet+}$ 的生成过程(图 3 - 10(b))。使用减谱技术便可得到纯净的 DMA$^{\bullet+}$ 生成曲线(图 3 - 10(b)插图),可以看出 470 nm 的生成与 590 nm 处的衰减过程是同步的,进一步说明 DMA$^{\bullet+}$ 是 ATRA$^{\bullet+}$ 与 DMA 的反应产物。

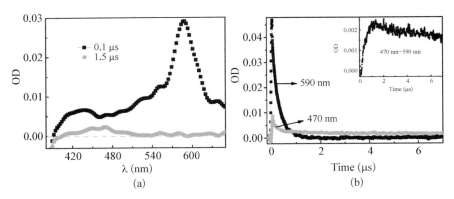

图 3‑10 　(a) 在 pH＝7.4 和 O₂ 饱和的条件下，355 nm 激光闪光光解 ATRA(0.06 mM) 和 DMA(4 mM)的微乳体系所得到的在 0.1 μs(‑■‑)和 1.5 μs(‑●‑)的瞬态吸收谱图。(b) 在 pH＝7.4 和 O₂ 饱和的条件下，355 nm 激光闪光光解 ATRA (0.06 mM)和 DMA(4 mM)的微乳体系所得到的在 470 nm 和 590 nm 处的动力学衰减曲线。插图：使用减谱方法，从 470 nm 的动力学衰减中减去 590 nm 的动力学衰减所得的 DMA•⁺ 的动力学生成过程

在同样的实验条件下，本章也考察了 ATRA•⁺ 与 DPA 之间的反应，并使用同样的方法计算出了它们之间的反应速率常数(表 3‑1)。结果表明，ATRA•⁺ 与这两种有机胺的反应均具有扩散速率控制的反应速率常数。在 pH＝7.4 的条件下，经 O₂ 饱和后，355 nm 激光闪光光解含有 ATRA (0.06 mM)和 DPA(1 mM)的微乳体系所得到的瞬态吸收谱图表明(图 3‑ 11)，当 ATRA•⁺ 衰减结束后，10 μs 时刻的瞬态谱图在 700 nm 出现了 DPA

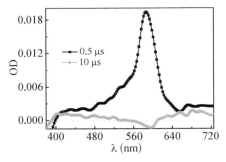

图 3‑11 　在 pH＝7.4 和 O₂ 饱和的条件下，355 nm 激光闪光光解 ATRA(0.06 mM)和 DPA(1 mM)的微乳体系所得到的在 0.5 μs(‑■‑)和 10 μs(‑●‑)的瞬态吸收谱图

中性自由基（DPA$^{\bullet}$，pK$_a$＝4.2[126]）的特征吸收峰，因此可以确定 ATRA$^{\bullet+}$ 和 DPA 之间的反应机理也是电子转移反应。

3.3.7　ATRA$^{\bullet+}$ 与叠氮钠之间的反应

在 pH＝7.4 的条件下，355 nm 激光闪光光解含有 ATRA 和 NaN$_3$ 的微乳体系所得到的瞬态吸收谱图表明，随着 590 nm 处 ATRA$^{\bullet+}$ 特征吸收峰的消失，在 390 nm 处出现了一个新的瞬态吸收峰（图 3－12）。动力学衰减曲线表明，580 nm 处的衰减过程与 390 nm 处的生成过程是同步的，这说明 390 nm 处的瞬态物质是 ATRA$^{\bullet+}$ 与 NaN$_3$ 的反应产物。NaN$_3$ 是一种有效的自由基清除剂[128,129]，可以被氧化生成叠氮自由基，其在紫外可见波段内没有吸收，同时，NaN$_3$ 又可以与某些自由基发生加成反应生成加成产物。ATRA$^{\bullet+}$ 与 NaN$_3$ 之间如果发生电子转移反应，则会生成叠氮自由基和 ATRA，它们在 390 nm 处都不会具有吸收，因此 ATRA$^{\bullet+}$ 与 NaN$_3$ 很可能发生了加成反应，那么，390 nm 处新出现的吸收峰应归属于 ATRA$^{\bullet+}$ 与 NaN$_3$ 的加成产物。

将不同 NaN$_3$ 浓度值与对应 NaN$_3$ 浓度下 ATRA$^{\bullet+}$ 在 590 nm 处的 k_{obs}

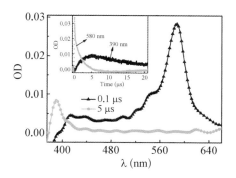

图 3－12　在 pH＝7.4 和 O$_2$ 饱和的条件下，355 nm 激光闪光光解 ATRA（0.06 mM）和 NaN$_3$（3 mM）的微乳体系所得到的在 0.1 μs（-▲-）和 5 μs（-●-）的瞬态吸收谱图。插图：390 nm 和 580 nm 处的动力学曲线

按照式(2-13)进行线性拟合,由斜率值可求算出 $ATRA^{\bullet+}$ 与 NaN_3 的反应速率常数(表3-1)。

3.3.8 $ATRA^{\bullet+}$ 与溶菌酶之间的反应

以上结果表明,$ATRA^{\bullet+}$ 能够与亲水和疏水的亲核试剂发生反应,可以初步判断 $ATRA^{\bullet+}$ 是一个反应活性较强的瞬态物质,对生物大分子具有潜在的损伤作用。为此,本章考察了 $ATRA^{\bullet+}$ 与溶菌酶(Lyso)的反应情况,用于评价 $ATRA^{\bullet+}$ 对蛋白质的潜在损伤作用。之所以选用 Lyso,是因为 Lyso 已被广泛用作研究蛋白质光损伤的模型[130-134]。在 pH=7.4 和 O_2 饱和的条件下,355 nm 激光闪光光解含有 ATRA 和 Lyso 的微乳体系所得到的动力学衰减曲线表明,随着 Lyso 浓度的增加,$ATRA^{\bullet+}$ 在 590 nm 处的动力学衰减逐渐增加(图3-13),同样,将 DMA 浓度值与对应 Lyso 浓度下 $ATRA^{\bullet+}$ 在 590 nm 处的 k_{obs} 按照式(2-13)进行线性拟合(图3-13 插图),由斜率值可求算出 $ATRA^{\bullet+}$ 与 Lyso 的反应速率常数(表3-1)。

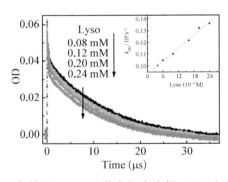

图3-13   在 pH=7.4 条件下,355 nm 激光闪光光解 ATRA(0.06 mM)和不同浓度 Lyso 的微乳体系所得到的 $ATRA^{\bullet+}$ 在 590 nm 的动力学衰减曲线。插图:$ATRA^{\bullet+}$ 在 590 nm 的 k_{obs} 与相应 Lyso 浓度值之间的线性拟合

3.3.9 $ATRA^{\bullet+}$ 与氨基酸之间的反应

色氨酸(Trp)和酪氨酸(Tyr)是许多蛋白质的重要组成部分,蛋白质中这两种氨基酸的残基也是 ROS 损伤的主要目标[135]。溶菌酶含有 3 个 Tyr 残基和 6 个 Trp 残基,其中 4 个 Trp 残基暴露在溶剂中。许多研究表明,ROS 与 Lyso 的反应是通过与 Lyso 的 Tyr 和 Trp 残基的作用进行的[130-131]。既然 Lyso 能够与 ATRA$^{\bullet+}$ 反应,那么 ATRA$^{\bullet+}$ 也应该与 Tyr 和 Trp 反应。为此,本书单独考察了 ATRA$^{\bullet+}$ 与 Tyr 和 Trp 的反应活性。

在 pH=7.4 和 O$_2$ 饱和的条件下,355 nm 激光闪光光解 ATRA 和 Trp 的微乳体系所得到的动力学衰减曲线表明,Trp 的存在能够加快 ATRA$^{\bullet+}$ 在 590 nm 处的动力学衰减(图 3-14),说明 ATRA$^{\bullet+}$ 和 Trp 之间发生了反应。所得到的瞬态吸收谱图表明,随着 ATRA$^{\bullet+}$ 的衰减完成,510 nm 处能够观察到一个微弱的宽吸收带(图 3-14)。Trp$^{\bullet+}$ 的 pK$_a$ 约为 4.8,因此,在 pH=7.4 条件下,如果 Trp 被单电子氧化,所生成的产物应是一个以 N 为中心的中性自由基(Trp$^{\bullet}$),Trp$^{\bullet}$ 的特征吸收在 510 nm 附近[136,137],因此,推测 ATRA$^{\bullet+}$ 可能通过电子转移的途径氧化 Trp 生成 Trp$^{\bullet}$,但是由于在这里 Trp$^{\bullet}$ 的吸收很弱,即使通过减谱的方法,也很难从动力学衰减曲线上看出其动力学生成过程。

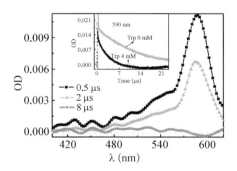

图 3-14　在 pH=7.4 和 O$_2$ 饱和的条件下,355 nm 激光闪光光解 ATRA(0.06 mM)和 Trp(4 mM)的微乳体系后分别在 0.5 μs(-■-),2 μs(-▲-)和 8 μs(-●-)时刻的瞬态吸收谱图。插图:ATRA$^{\bullet+}$ 在 590 nm 处的动力学衰减受 Trp(4 mM)的影响

与 Trp 相似，Tyr 的加入也能够加快 ATRA[·+] 在 590 nm 处的动力学衰减，但是从瞬态吸收谱图上，无法找到酪氨酸中性自由基（Tyr[·]，λ_{max}＝390 和 410 nm）的特征吸收峰[138,139]。通过式（2－13）本文分别计算出了 ATRA[·+] 与 Trp 和 Tyr 之间的反应速率常数（表 3－1），从速率常数的角度看，ATRA[·+] 与 Lyso，Trp 和 Tyr 之间的速率常数很接近，这从一定程度上说明了 ATRA[·+] 与 Lyso 的反应可能是通过与 Lyso 的 Tyr 和 Trp 残基作用进行的。

在中性 pH 值下，Tyr 和 Trp 被单电子氧化或者发生光电离之后，会生成相应的中性自由基：Trp[·]（λ_{max}＝510 nm）和 Tyr[·]（λ_{max}＝390 和 410 nm）[136-139]。在 pH＝7.4 和 O_2 饱和的条件下，355 nm 激光闪光光解 ATRA 和 Lyso 的微乳体系所得到的不同时刻瞬态吸收谱图上很难找到与 Trp[·+] 和 Tyr[·+] 相对应的瞬态吸收（图 3－15），因此，本文无法判断 ATRA[·+] 和 Lyso 之间的反应是否是电子转移的过程。除此之外，本章得到了半胱氨酸与 ATRA[·+] 的反应速度常数（表 3－1）。

表 3－1　在 pH＝7.4 条件下，ATRA[·+] 与所选物质的
反应速率常数（单位：$M^{-1}s^{-1}$）

	与 ATRA[·+] 反应速率常数
NaN$_3$	$(1.6\pm0.1)\times10^8$
DMA	$(2.4\pm0.1)\times10^9$
DPA	$(1.7\pm0.1)\times10^9$
Lyso	$(1.8\pm0.1)\times10^8$
Tyr	$(3.0\pm0.6)\times10^8$
Trp	$(1.0\pm0.1)\times10^8$
Cys	$(1.0\pm0.1)\times10^7$

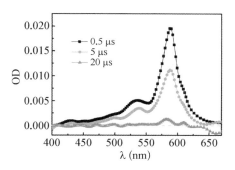

图 3 - 15　在 pH=7. 4 和 O₂ 饱和的条件下, 355 nm 激光闪光光解 ATRA(0. 06 mM)和 Lyso(1. 2 mM)的微乳体系后分别在 0. 5 μs(-■-), 5 μs(-●-)和 20 μs(-▲-)时刻所得的瞬态吸收谱图

3.3.10　ATRA$^{•+}$ 与抗氧化剂之间的反应

既然 ATRA$^{•+}$ 对蛋白质和氨基酸具有反应活性, 那么, 它就具有损伤蛋白质的潜力, 因此很有必要寻找有效的 ATRA$^{•+}$ 清除剂。以上实验结果表明, 虽然 ATRA$^{•+}$ 既能够与水溶性的 NaN₃ 发生加成反应, 又能够与有机胺类发生电子转移反应, 但是这两类试剂都是对生物体有害的物质, 为此, 本章选用了生物体内存在的或者可食用的抗氧化剂, 用以研究它们与 ATRA$^{•+}$ 的反应活性。

所选用的抗氧化剂主要分为水溶性和水不溶性两类, 在水不溶性的抗氧化剂中又可分为脂溶性的和醇溶性的。在这里, 醇溶性的抗氧化剂是指在水中和环己烷中溶解度都很低, 但能够很好地溶解在醇溶液中的物质, 针对这类抗氧化剂在制备微乳时, 直接将它们溶解在乳剂中, 然后再与微乳的其他组分混合。反应速率常数的计算, 均是使用式(2 - 13), 所计算的速率常数见表 3 - 2。从表 3 - 2 可以看出, 总体上讲, 醇溶性抗氧化剂与 ATRA$^{•+}$ 的反应活性最强, 水溶性的次之, 脂溶性的最差。

在乙醇体系中, ATRA 光电离所产生的 ATRA$^{•+}$ 与 β - car 的反应速率常数约为 1×10^{10} M^{-1}s^{-1}[69], 且 BHT 是食用油中有效防止油脂过氧化

表 3－2　在 pH＝7.4 条件下，ATRA$^{\bullet+}$ 与所选抗氧化剂的
反应速率常数（单位：$\text{M}^{-1}\text{s}^{-1}$）

抗 氧 化 剂			与 ATRA$^{\bullet+}$ 反应速率常数
水溶性		维生素 C	$(3.4\pm0.1)\times10^8$
		没食子酸	$(1.7\pm0.1)\times10^8$
		GSH	$(6.6\pm0.4)\times10^6$
水不溶性	醇溶性	姜黄素	$(1.4\pm0.2)\times10^9$
		TBHQ	$(2.4\pm0.2)\times10^9$
		PGA	$(2.0\pm0.1)\times10^9$
	油溶性	维生素 E	$(3.9\pm0.3)\times10^6$
		BHT	—
		β－car	—

的常用添加剂，因此 β－car 和 BHT 应该具有很强的自由基清除能力。然而，异相体系中所得到的结果与预期相差很大，这种结果可能跟 ATRA 在异相体系中的分布有关。从图 3－1 可以看出，ATRA 的极性头部的羧基被锚定在微乳的油水界面处，长的疏水尾部插在微乳的油相中。ATRA 的羧基解离状态决定着 ATRA$^{\bullet+}$ 的量子产额，由此推测，ATRA 的光电离所产生的阳离子自由基的活性部位可能位于 ATRA$^{\bullet+}$ 的羧基上，那么，抗氧化剂只有到达微乳的油水界面处才能够与 ATRA$^{\bullet+}$ 发生反应。脂溶性抗氧化剂 VE，β－car 和 BHT 是疏水性很强的物质，在微乳中可能被封闭在油相之中，无法扩散到 ATRA$^{\bullet+}$ 的活性反应部位，所以它们与 ATRA$^{\bullet+}$ 的反应速率很小甚至仪器无法检测。本书所选用的醇溶性抗氧化剂是一类在水中和环己烷中都难溶的物质，它们可能集中分布在微乳的油水界面上，而水溶性的维生素 C 和没食子酸也是可以接触到微乳的油水界面，因此，它们都与 ATRA$^{\bullet+}$ 有着较强的反应活性。

还原性谷胱甘肽（GSH）是生物体内常见的还原剂，但是，GSH 与

ATRA$^{\bullet+}$的反应活性很差。GSH 的活性单位是半胱氨酸残基,而半胱氨酸本身与 ATRA$^{\bullet+}$的反应速率常数也非常的小(表 3-1),可以预测 ATRA$^{\bullet+}$通过进攻蛋白质中的巯基来损伤蛋白质的能力不会太强。

3.4　本 章 小 结

(1) 在中性 pH 的微乳体系中,经 355 nm 激光激发,ATRA 主要发生光电离反应生成 ATRA$^{\bullet+}$和 e$_{aq}^{-}$,除此之外,也能观察到 ATRA 光激发的产物 ATRA 的激发三重态。微乳水相中的 pH 变化能够通过改变 ATRA 的解离状态影响 ATRA$^{\bullet+}$的量子产额,ATRA 的脱质子形式有利于 ATRA$^{\bullet+}$的生成,无论在何种 pH 值条件下,ATRA$^{\bullet+}$的生成是双光子过程。

(2) ATRA$^{\bullet+}$能够与自由基清除剂 NaN$_3$发生加成反应,生成瞬态吸收在 390 nm 处的加成产物;同时 ATRA$^{\bullet+}$能够与两种有机胺类(DMA 和 DPA)发生电子转移反应,生成相应的有机胺阳离子自由基,它们的反应速率常数是由扩散速率控制的。

(3) ATRA$^{\bullet+}$能够与溶菌酶,Trp 和 Tyr 发生反应,它们的反应速率常数很接近,同时 ATRA$^{\bullet+}$也能够与半胱氨酸发生反应。这些结果表明,ATRA$^{\bullet+}$对蛋白质具有潜在的损伤作用。

(4) 本章研究了 ATRA$^{\bullet+}$与不同种类抗氧化剂之间的反应,并求算了它们之间的反应速率常数,所得的反应速率常数表明,醇溶性的抗氧化剂姜黄素,TBHQ 和 PGA 与 ATRA$^{\bullet+}$的反应活性最强,水溶性的抗氧化剂维生素 C 和没食子酸次之,脂溶性抗氧化剂与 ATRA$^{\bullet+}$的反应活性最差。

(5) 由于 ATRA 在微乳中的异相分布接近其在生物膜中的分布,根据本章所得的结果,可以初步提出 ATRA 在生物体系中引起潜在光毒性的光反应途径:ATRA 或者 ATRA$^-$,在 UVA 光照射下,经双光子光电离反应,生成反应活性很强的阳离子自由基(ATRA$^{\bullet+}$),其能够直接作用于含有色氨酸和酪氨酸残基的蛋白质,引起蛋白质的损伤而使其失去活性。但是,酚氧类的抗氧化剂 Cur,PGA,TBHQ 和水溶性抗氧化剂 VC 和 GA 能够与 ATRA$^{\bullet+}$ 有效地发生反应,当将这些抗氧化剂与 ATRA 配伍使用时,它们可能会竞争性地与 ATRA$^{\bullet+}$ 反应,保护蛋白质免受 ATRA$^{\bullet+}$ 的进攻(图 3 - 16)。

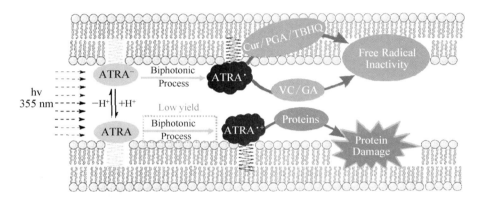

图 3 - 16 ATRA 引起潜在光毒性的机理假设

第4章

全反式视黄醇微乳体系的激光闪光光解的研究

4.1 概　　述

全反式视黄醇(All-trans retinol,ROH),又称为维生素 A,是人和动物生命过程中必不可少的一种脂溶性维生素。动物体内不能合成维生素 A,所以天然类视黄醇只能通过食物以视黄醇,视黄酯类或者 β-car 的形式进入动物体内。视黄醇被吸收之后,以视黄酯类的形式储存于肝脏。视黄醇分子能够被氧化为全反式视黄醛和全反式视黄酸[22,23],在生物体内,ROH主要是以视黄醛和视黄酸的形式参与不同的生理活动[37-44]。

由于类视黄醇分子具有超共轭碳碳双键结构,所以许多人确信它们能够有效地与过氧自由基发生反应[140,141]。事实上,类视黄醇分子确实高浓度存在于生物体的氧化环境中,如肝脏和视网膜[142,143]。大量的实验表明,无论在均相溶液中还是在异相体系中(如脂质体,脂蛋白,光感受细胞膜和小鼠活体),类视黄醇均能够有效地抑制脂质过氧化[141,144]。通过研究类视黄醇与过氧自由基之间的反应,Różanowska 等人提出了类视黄醇抑制脂质过氧化的机理:类视黄醇能够通过电子转移的途径与过氧自由基发生反应,清除活性氧自由基,其本身生成相应的阳离子自由基,但是,这一机理的提出是建立在一定条件上的,即:生成的类视黄醇阳离子自由基不会氧化其他生物分子,或者存在一条能够快速清除类视黄醇阳离子自由基的途径[67],否则,类视黄醇将会扮演促氧化剂(pro-oxidant)的角色,引起生物体氧化损伤。在天然的类视黄醇当中,ROH 是还原能力最强的,在许多体系中,ROH 抑制脂质过氧化的能力与 α-生育酚相当[145,146],尽管类视黄醇被证明都具有抗氧化作用,但作为抗氧化剂应用最广泛的则是 ROH[141]。要判断 ROH 是否具有促氧化作用,研究其阳离子自由基对生物分子和抗氧化剂的反应活性是非常关键的。

同其他类视黄醇分子一样,ROH 对光也很敏感。Mikkelsen 等人发现,补充富含维生素 A 的食物能够增加裸鼠在 UVB 光诱导下的皮肤癌变风险,他们推测 ROH 在 UV 光作用下可能产生一种能够作为光敏剂的短寿命中间产物,从而增加皮肤癌变的概率[147]。那么对视黄醇光反应所生成的瞬态产物的表征将有助于了解视黄醇的潜在光致瘤作用。激光闪光光解实验表明,在不同极性的溶剂中,ROH 能够发生光电离、光异裂、光激发等反应。ROH 的光电离反应生成 ROH 阳离子自由基($ROH^{\bullet+}$),而其光异裂反应生成视黄基碳正离子[64,65]。ROH 能够同时发生光电离和光异裂反应,两种反应的比例受溶剂类型和激发光强度的影响,同时在激光闪光光解所得到的瞬态吸收谱图上,能够观察到 ROH 单线态的瞬态吸收($\lambda_{max} \approx 450$ nm),但是没有证据表明 ROH 的光激发能够产生激发三重态[65]。$ROH^{\bullet+}$ 具有较强的反应活性,它能够与 β-胡萝卜素和有机胺发生电子转移反应,与卤族阴离子发生加成反应,也可以与吡啶及其衍生物,维生素 C 等发生反应[64,66,67]。关于 ROH 的瞬态光化学的研究,除了在胶束体系之外,大部分是在均相溶液中进行的。而在胶束中,ROH 则主要发生光电离反应,生成相应的 $ROH^{\bullet+}$,而作者并没有对 $ROH^{\bullet+}$ 的活性进行详细的研究[64]。为了进一步确定 ROH 在异相体系中的光反应类型,同时研究 ROH 光反应的瞬态产物对生物分子的反应活性,本章使用 355 nm 激光闪光光解技术,在微乳中考察了 ROH 的瞬态光化学,表征了其光反应产物 $ROH^{\bullet+}$ 的反应活性。本章工作对了解 ROH 抗氧化机制和预测 ROH 光毒性的潜在光反应途径均具有重要意义。

4.2　实验仪器、试剂和样品制备

4.2.1　实验仪器

纳秒级激光闪光光解装置(同济大学生命科学与技术学院研制);

激光能量计 EPM 1000(美国 COHERENT);

可控流量通气仪(同济大学生命科学与技术学院研制);

紫外-可见分光光度仪 CARY 50 Probe(美国 VARIAN);

DELTA‐320 型 pH 计(梅特勒-托利仪器有限公司);

电子分析天平 AL 204(瑞士 METTLER TOLEDO);

超纯水器 Milli‐Q(美国 MILLIPORE)。

4.2.2　试剂

全反式视黄醇(ROH),Sigma,$\geqslant 95\%$;

β-胡萝卜素,Fluka,$\geqslant 97\%$;

叠氮钠(NaN_3),Sigma‐Aldrich,$\geqslant 99.5\%$;

叔丁醇,Sigma‐Aldrich,$\geqslant 99.5\%$;

二苯胺(DPA),国药化学试剂有限公司,CP;

N,N-二甲基苯胺(DMA),国药化学试剂有限公司,AR;

没食子酸(GA),国药化学试剂有限公司,AR;

环己烷,国药化学试剂有限公司,AR;

正丁醇,国药化学试剂有限公司,AR;

$NaH_2PO_4 \cdot 2H_2O$,国药化学试剂有限公司,AR;

$Na_2HPO_4 \cdot 12H_2O$,国药化学试剂有限公司,AR;

$Na_3PO_4 \cdot 12H_2O$,国药化学试剂有限公司,AR;

浓磷酸,国药化学试剂有限公司,CP;

酪氨酸(Tyr),国药化学试剂有限公司,AR;

抗坏血酸(VC),国药化学试剂有限公司,>99.7%;

没食子酸,国药化学试剂有限公司,AR;

色氨酸(Trp),上海生工生物工程有限公司,>98.5%;

还原性谷胱甘肽(GSH),上海生工生物工程有限公司,>98%;

十二烷基硫酸钠(SDS),上海生工生物工程有限公司,>99%;

维生素 E,上海生工生物工程有限公司,>99%;

L-半胱氨酸盐酸盐-水,上海生工生物工程有限公司,>98%;

溶菌酶(Lyso),上海生工生物工程有限公司,BC;

姜黄素(Cur),阿拉丁,98%;

亚油酸,阿拉丁,≥99%;

没食子酸丙酯(PGA),阿拉丁,98%;

叔丁基对苯二酚(TBHQ),阿拉丁,98%;

2,6-二叔丁基对甲酚(BHT),阿拉丁,>99%(GC);

高纯氧,高纯氮,高纯氧化亚氮:上海浦江特气有限公司,含量 99.999%。

4.2.3 样品的制备

本章 ROH 微乳体系的制备方法同第三章 ATRA 微乳液的制备方法。

4.3 结 果 与 讨 论

4.3.1 ROH 微乳的紫外吸收

中性微乳体系中 ROH 在 UVA 范围内也有吸收(图 4-1),所以 355 nm

处的激发光可以用作激发光源。微乳中 ROH 在小于 280 nm 处的短波长区域(UVC)也有很强的吸收,但是由于自然界中太阳光中的 UVC 光被大气中臭氧所吸收,人体直接接触 UVC 光的机会较少,所以本章没有选取 UVC 作为模拟激发源。水相中 pH 值的变化不影响 ROH 在微乳中的吸收,说明水相中 H^+ 和 OH^- 可能不影响 ROH 的分子结构或者解离状态。

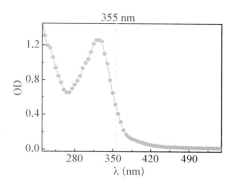

图 4‑1　ROH 在 pH＝7.4 的微乳中的紫外可见吸收

4.3.2　ROH 在微乳中光电离反应的确定

由图 3‑2 可知,空白微乳在 355 nm 处几乎没有吸收,因此,当 355 nm 激光脉冲激发样品时,激光能量则主要被 ROH 吸收。作为对照,经 N_2 饱和后,pH＝7.4 的空白微乳经 355 nm 激光闪光光解后所得到的瞬态图谱几乎没有信号(图 4‑2),这也进一步证实了微乳本身不会干扰 355 nm 激光闪光光解实验。

经 N_2 饱和后,pH＝7.4 的 ROH 微乳体系经 355 nm 激光闪光光解后,所得到的瞬态吸收谱图在 380 nm,410 nm,590 nm 和 620～760 nm 波长区域分别出现四个特征吸收峰(图 4‑2)。在脱氧条件下,590 nm 处的吸收峰与在异丙醇体系中激光闪光光解 ROH 所得的瞬态谱图相似,都带有一个较宽的肩峰(450～590 nm),O_2 能够使这一肩峰消失,根据 Gurzadyan 等人的

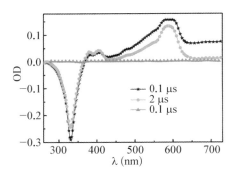

图 4-2 在 pH=7.4 和 N$_2$ 饱和的条件下,355 nm 激光闪光光解 ROH(0.05 mM)微乳体系所得到的在 0.1 μs(-★-)和 2 μs(-●-)的瞬态吸收谱图。在 pH=7.4 和 N$_2$ 饱和的条件下,355 nm 激光闪光光解空白微乳所得到的在 0.1 μs(-▲-)的瞬态吸收谱图

总结,该处应该是 ROH 激发单线态(λ_{max} 在 440~450 nm 和 530~550 nm 范围内[65])的吸收。同时在 330 nm 处出现一个强的光漂白现象,330 nm 处是 ROH 的最大吸收峰位置,该处发生光漂白说明 ROH 被消耗,发生了光反应。

620~760 nm 处是一个较宽的连续吸收带,与水合电子(e_{aq}^-)的特征吸收很相似,e_{aq}^- 的最大吸收在 720 nm 附近,而本实验中 720 nm 处的动力学衰减过程在 O$_2$ 和 N$_2$O 作用下明显加快,几乎消失(图 4-3 插图)。在 O$_2$ 饱和的条件下,620~760 nm 处的吸收峰则消失(图 4-3),由于 O$_2$ 和 N$_2$O 是 e_{aq}^- 的有效清除剂,因此可以判断 ROH 的光反应生成了 e_{aq}^-。e_{aq}^- 的出现是光电离发生的直接证据[125],说明在 355 nm 激光激发下,ROH 发生了光电离反应(4-1)。

$$ROH \xrightarrow{\text{355 nm } h\nu} ROH^{\bullet+} + e_{aq}^- \qquad (4-1)$$

已报道的文献表明,在脱氧的极性均相体系中,ROH 会发生光电离反应,但是却无法直接观察到溶剂化电子(e_{sol}^-)的生成,主要归因于 e_{sol}^- 摩尔消光系数小或者 e_{sol}^- 能够与 ROH 发生快速反应(反应速率常数大于

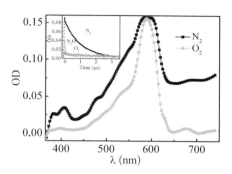

图 4 - 3　在 pH＝7.4 的条件下,355 nm 激光闪光光解分别经 N₂ (-■-) 和 O₂ (-●-) 饱和的 ROH(0.05 mM) 微乳体系后在 0.1 μs 时刻的瞬态吸收谱图。插图:在 pH＝7.4 的条件下,355 nm 激光闪光光解分别经 N₂, N₂O 和 O₂ 饱和的 ROH (0.05 mM)微乳体系所得的在 720 nm 处的动力学衰减曲线

10^{10} $M^{-1}s^{-1}$)[64,65,148]。而在微乳体系中,我们能够清楚地观察到 e_{aq}^- 的吸收峰,这可能得益于异相体系的结构优势。在阴离子表面活性剂胶束中激光闪光光解疏水性物质时,会造成这些物质失去电子,在疏水相中过剩的电子会快速逃出胶束进入水相并被水化成 e_{aq}^-[149-152]。水相中 e_{aq}^- 的命运与胶束中表面活性剂的类型有关,在由阴离子表面活性剂组成的胶束体系中,水相中 e_{aq}^- 受胶束表面负电荷的排斥作用,其返回胶束的过程受到抑制,其最可能的衰减途径是经过反应式(4 - 2)[153]:

$$2e_{aq}^- + 2H_2O \longrightarrow H_2 + OH^- \qquad (4-2)$$

在脉冲辐解水包油的微乳体系过程中,在油相中产生的多余电子也会穿过微乳的油水界面逃逸至水相,被水分子捕获而形成 e_{aq}^-,在阴离子表面活性剂组成的微乳中,e_{aq}^- 的衰减主要是在水相中进行的[99,100,154]。同样可以推测,在本实验条件下,经 355 nm 激光作用,ROH 失去电子,逃逸至水相中的电子与水分子作用形成 e_{aq}^-,本文微乳所使用的表面活性剂为 SDS,它使微乳表面带负电荷,所以光电离所产生的 e_{aq}^- 返回微乳与 ROH 阳离子自由基作用会受到抑制,从而延长了 e_{aq}^- 的寿命。

但是 e_{aq}^- 与 ROH 的反应并没有被完全抑制。从图 4-2 可以看出，随着 e_{aq}^- 在 620～760 nm 处的衰减，在 380～420 nm 波段出现新的吸收。动力学衰减曲线（图 4-4A）也表明，随着 e_{aq}^- 在 720 nm 处衰减的同时，380 nm 和 410 nm 处会出现同步的生成过程，而且不同气氛下 380 nm 和 410 nm 处的动力学衰减曲线表明，380～420 nm 处的生成过程能够被两种 e_{aq}^- 清除剂 O_2 和 N_2O 有效清除（图 4-4 和图 4-5 插图），这些结果说明新生成的瞬态物质应该是 e_{aq}^- 次级反应的产物。使用脉冲辐解和激光闪光光解技术研究 ROH 的结果也表明 e_{aq}^- 与 ROH 反应也会生成瞬态吸收在 370～410 nm 范围内的瞬态产物[64,69,78]，虽然在这些文献中新生的瞬态产物被归属于 ROH 阴离子自由基（$ROH^{\bullet-}$），但是，Bhattacharyya 等人通过对 $ROH^{\bullet-}$ 的详细研究表明，$ROH^{\bullet-}$ 的最大瞬态吸收在 575～590 nm 之间，370～420 nm 处的瞬态吸收应该是 $ROH^{\bullet-}$ 质子化的产物，而且水的存在能够加速 $ROH^{\bullet-}$ 的衰减[155]。因此，在微乳体系中，观察不到 $ROH^{\bullet-}$ 的吸收，而 370～420 nm 范围内的瞬态产物应该归属于 $ROH^{\bullet-}$ 质子化的产物。

已报道的 355 nm 激光闪光光解实验表明，在不同极性的溶剂中，ROH

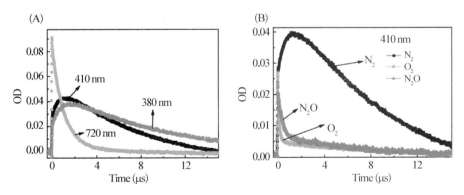

图 4-4 **(A)** 在 pH＝7.4 的条件下，355 nm 激光闪光光解 N_2 饱和的 ROH（0.05 mM）微乳体系所得到的在 380 nm，410 nm 和 720 nm 处的动力学衰减曲线。**(B)** 在 pH＝7.4 的条件下，355 nm 激光闪光光解分别经 N_2，N_2O 和 O_2 饱和的 ROH（0.05 mM）微乳体系所得的在 410 nm 处的动力学衰减曲线

能够发生光电离、光异裂、光激发等反应。ROH 的光电离反应生成 ROH 阳离子自由基（$ROH^{\bullet +}$），而其光异裂则生成视黄基碳正离子（RCH_2^+），$ROH^{\bullet +}$ 和 RCH_2^+ 的最大吸收峰均在 590 nm 附近[64,65]。而在本章实验中，由于能够观察到 ROH 发生光电离的直接证据，且 590 nm 处动力学衰减不受 O_2 和 N_2O 的影响，所以在 590 nm 处的吸收峰归属于 $ROH^{\bullet +}$。

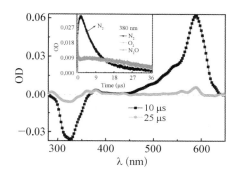

图 4-5　在 pH=7.4 的条件下，355 nm 激光闪光光解 O_2 饱和的 ROH(0.05 mM)微乳体系后在 10 μs(-■-)和 25 μs(-●-)的瞬态吸收谱图。插图：在 pH=7.4 的条件下，355 nm 激光闪光光解分别经 N_2，N_2O 和 O_2 饱和的 ROH(0.05 mM)微乳体系后所得的在 380 nm 处的动力学衰减曲线

图 4-5 表明，在 O_2 和 N_2O 条件下，380 nm 处依然会存在一个生成过程，O_2 饱和条件下的瞬态吸收谱亦可以看出，随着 590 nm 处吸收峰的衰减，380 nm 处呈现出一个较弱的吸收峰。在均相体系中，$ROH^{\bullet +}$ 能够发生脱质子反应生成视黄醇羰自由基，其特征吸收在 380 nm 附近[64]，因此推测此处很有可能是 $ROH^{\bullet +}$ 在微乳体系中的脱质子反应产物。

ROH 的三重态（$^3ROH^*$）的最大吸收在 400 nm 附近[68]，在比较 380 nm 和 410 nm 处的动力学衰减时，在 O_2 和 N_2O 饱和的条件下，两处的动力学衰减并没有显著差异，因此判断在微乳体系中，没有$^3ROH^*$ 的生成。

4.3.3　ROH 在微乳中光电离类型的表征

许多研究均证实 ROH 在极性溶剂中能够发生光电离，尽管没有直接观察到光电离反应应该产生的溶剂化电子,根据所得 ROH$^{\bullet+}$ 的产额与激光强度的关系,ROH 的光电离类型有的被确定为双光子过程,有的被确定为单光子过程[64,65,110,148]。而在微乳体系中,本文能够直接观察到 e_{aq}^{-} 的吸收,因此,本文分别采用 ROH$^{\bullet+}$ 和 e_{aq}^{-} 的产额与激光强度的关系来表征 ROH 的光电离类型。在 pH=7.4 和 N$_2$ 饱和的条件下,改变激光强度,记录在不同激光强度下 e_{aq}^{-} 在 720 nm 处动力学衰减曲线的最大 OD 值($\Delta OD_{720\,nm}$),即 e_{aq}^{-} 的产额,以 $\Delta OD_{720\,nm}$ 与相应的相对激光强度(I_L)作图,发现两者呈很好的线性关系,说明 ROH 在微乳中的光电离类型是单光子电离(图 4 - 6A)[65]。同样在 pH=7.4 和 O$_2$ 饱和的条件下,改变激光强度,记录在不同激光强度下 ROH$^{\bullet+}$ 在 590 nm 处的动力学衰减曲线的最大 OD 值($\Delta OD_{590\,nm}$),即 ROH$^{\bullet+}$ 的产额,以 $\Delta OD_{590\,nm}$ 与相应的 I_L 作图,发现它们也是线性相关的(图 4 - 6B),进一步说明了 ROH$^{\bullet+}$ 的生成也是源自 ROH 的单光子电离过程。

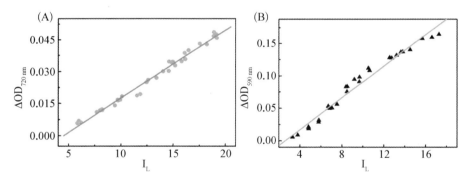

图 4 - 6 **(A) 在 pH=7.4 的条件下,355 nm 激光闪光光解 N$_2$ 饱和的 ROH(0.05 mM) 微乳体系所得到的 720 nm 处 ΔOD 与 I$_L$ 值的线性拟合(线性相关性系数 r= 0.993)。(B) 在 pH=7.4 的条件下,355 nm 激光闪光光解 O$_2$ 饱和的 ROH (0.05 mM)微乳体系所得到的 590 nm 处 ΔOD 与 I$_L$ 值的线性拟合(r=0.986)**

4.3.4 pH 值对微乳中 ROH$^{\bullet+}$ 衰减的影响

ROH$^{\bullet+}$ 的衰减受 pH 的影响很大,主要原因是 ROH$^{\bullet+}$ 能够通过脱质子反应生成相应的中性自由基(λ_{max}=380 nm),OH^{-} 的存在能够加速这一反应的进行[65]。355 nm 激光闪光光解不同 pH 值的 ROH 微乳体系所得到的在 590 nm 处的动力学衰减曲线表明，酸性和中性条件下，水相中 pH 对 $ROH^{\bullet+}$ 的影响不大，而在碱性条件下，$ROH^{\bullet+}$ 的衰减显著增加（图 4 - 7）。El - Agamey 等人在 Triton - X - 100 胶束体系中详细考察了水相中 OH^- 与 $ROH^{\bullet+}$ 之间的反应，制作了 $ROH^{\bullet+}$ 脱质子反应产物对 pH 值的滴定曲线，并估算了滴定曲线的 pK_a 值（≈10.4），从滴定曲线可以看出在 pH 小于 8 的条件下，$ROH^{\bullet+}$ 的衰减不受 pH 影响[65]。由于胶束体系与微乳环境很接近，所以微乳中 $ROH^{\bullet+}$ 的衰减随 pH 值的变化应该与胶束中的情况很接近，这也就解释了为什么图 4 - 7 中在 pH＝7.4 和 2.0 的条件下 $ROH^{\bullet+}$ 的衰减几乎一致。

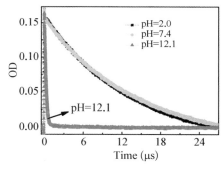

图 4 - 7　355 nm 激光闪光光解 O_2 饱和的 ROH(0.05 mM)微乳体系所得到的 590 nm 处的动力学衰减曲线受 pH(2.0,7.4 和 12.1)的影响

4.3.5　$ROH^{\bullet+}$ 与有机胺之间的反应

四甲基联苯胺（TMB）能够有效地清除类视黄醇阳离子自由基和视黄基碳正离子，但是它与两类瞬态粒子反应类型不同，TMB 与阳离子自由基的反应机理是电子转移，而与碳正离子发生非电子转移反应[66]。但是 TMB 在 355 nm 有吸收，在实验中发现它能够发生光电离生成相应阳离子自由基，影响反应类型的定性分析[66]。为了考察 $ROH^{\bullet+}$ 与有机胺的反应，本文使用瞬态动力学研究中另外两种常用的有机胺 DMA 和 DPA，它们在

355 nm 处几乎没有吸收,因此在与 ROH 构成二元反应体系时,可以排除 DMA 和 DPA 发生光电离反应干扰实验的可能性。

在 pH＝7.4 和 O_2 饱和的条件下,355 nm 激光闪光光解含有 ROH 和 DMA 的微乳体系所得到的动力学衰减曲线表明,随着 DMA 浓度的增加,$ROH^{•+}$ 在 590 nm 处的动力学衰减逐渐增加(图 4 - 8A),同样,将 DMA 浓度值与对应 DMA 浓度下 $ROH^{•+}$ 在 590 nm 处的 k_{obs} 按照公式(2 - 13)进行线性拟合(图 4 - 8B),由斜率值得到 $ROH^{•+}$ 与 DMA 的反应速率常数(表 3 - 1)。

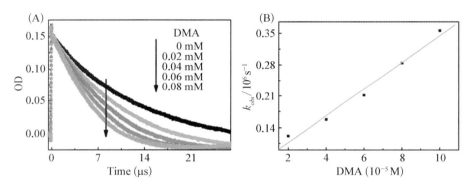

图 4 - 8　(A) 在 pH＝7.4 和 O_2 饱和的条件下,355 nm 激光闪光光解 ROH(0.05 mM) 和不同浓度 DMA 的微乳体系后所得到的在 590 nm 处的动力学衰减曲线。(B) $ROH^{•+}$ 在 590 nm 的 k_{obs} 与相应 DMA 浓度值之间的线性拟合

在 pH＝7.4 的条件下,经 O_2 饱和后,355 nm 激光闪光光解 ROH (0.06 mM)和 DMA(4.8 mM)的微乳体系所得的瞬态吸收谱图表明,在激光发射后第 3 μs 时刻,$ROH^{•+}$ 在 590 nm 处的瞬态吸收已经衰减完全,此时在 470 nm 处出现了 $DMA^{•+}$ 的特征吸收峰[108](图 4 - 9)。由于 $ROH^{•+}$ 的瞬态吸收很强,与 $DMA^{•+}$ 的瞬态吸收发生了重叠,因此从 470 nm 处的动力学衰减曲线中无法直接观察到 $DMA^{•+}$ 的生成过程(图 4 - 10)。使用减谱技术可得到纯净的 $DMA^{•+}$ 动力学生成和衰减曲线(图 4 - 10),可以看出 470 nm 的生成与 590 nm 处的衰减是同步的,说明 $DMA^{•+}$ 是 $ROH^{•+}$ 与

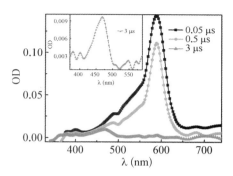

图 4 - 9　在 pH＝7. 4 和 O₂饱和的条件下,355 nm 激光闪光光解 ROH(0. 06 mM)和 DMA(4.8 mM)的微乳体系所得到的在 0. 05 μs(-■-),0. 5 μs(-●-)和 3 μs (-▲-)的瞬态吸收谱图。插图:相同条件下得到的在 3 μs(-▲-)的瞬态吸收谱图

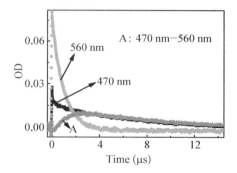

图 4 - 10　在 pH＝7. 4 和 O₂饱和的条件下,355 nm 激光闪光光解 ROH(0. 06 mM)和 DMA(4. 8 mM)的微乳体系所得到的在 470 nm 和 590 nm 处的动力学衰减曲线,以及使用减谱的方法,从 470 nm 的动力学衰减中减去 590 nm 的动力学衰减所得的 DMA•⁺ 的动力学生成过程

DMA 的反应产物,因此可以断定 ROH•⁺ 与 DMA 之间发生了电子转移反应(4 - 3)。

$$\text{ROH}^{\bullet+} + \text{DMA} \longrightarrow \text{ROH} + \text{DMA}^{\bullet+} \qquad (4 - 3)$$

同样,我们首先考察在 pH＝7. 4 的条件下,ROH•⁺ 在 590 nm 处的动力学衰减受 DPA 的影响以判断它们之间是否发生反应,结果发现 DPA 能够浓度依赖性地加快 ROH•⁺ 在 590 nm 处的动力学衰减。将 DPA 浓度值与对应 DPA 浓度下 ROH$^{•+}$ 在 590 nm 处的 k_{obs} 按照公式(2-13)进行线性拟合(图 4-11),由斜率值求算出 ROH$^{•+}$ 与 DPA 反应的速率常数(表 4-1)。

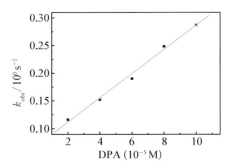

图 4-11 在 pH=7.4 条件下,355 nm 激光闪光光解 ROH(0.05 mM)和不同浓度 DPA 的微乳体系所得到的 ROH$^{•+}$ 在 590 nm 的 k_{obs} 与相应 DPA 浓度值之间的线性拟合

表 4-1 在 pH=7.4 条件下,ROH$^{•+}$ 与所选物质的反应速率常数(单位:M^{-1}s^{-1})

	与 ROH$^{•+}$ 反应速率常数
DMA	$(3.0\pm0.2)\times10^9$
DPA	$(2.2\pm0.1)\times10^9$
NaN$_3$	$(2.5\pm0.3)\times10^8$
Br$^-$	$(1.2\pm0.1)\times10^6$
Cl$^-$	—
Trp	$(4.9\pm0.4)\times10^7$
Lyso	$(9.9\pm2.7)\times10^7$
Tyr	—
Cys	$(9.6\pm1.2)\times10^7$
亚油酸	$(6.3\pm0.7)\times10^6$

DPA 阳离子自由基(DPA$^{•+}$)的 pK$_a$=4.2,其脱质子形式的中性自由基(DPA$^{•}$)在 700 nm 的吸收峰较宽,且吸收强度不强,不易进行定性判断,而

DPA$^{\bullet+}$在 680 nm 的吸收峰尖锐[126]，容易进行定性分析，且酸性条件不影响 ROH$^{\bullet+}$的衰减。所以此处采用酸性 pH 环境进行定性研究。在 pH=2.0 的条件下，经 O_2 饱和后，355 nm 激光闪光光解含有 ROH(0.05 mM)和 DPA(5 mM)的微乳体系所得到瞬态吸收谱图表明，随着 ROH$^{\bullet+}$在 590 nm 处的衰减，680 nm 出现了 DPA$^{\bullet+}$的生成吸收峰(图 4-12)，且 590 nm 处的衰减过程与 680 nm 处的生成过程是同步的(图 4-12 插图)，这些结果充分说明 ROH$^{\bullet+}$与 DPA 之间发生了电子转移反应，生成了 DPA$^{\bullet+}$(4-4)。

$$ROH^{\bullet+} + DPA \longrightarrow ROH + DPA^{\bullet+} \tag{4-4}$$

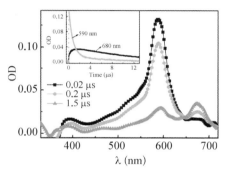

图 4-12　在 pH=2.0 和 O_2 饱和的条件下，355 nm 激光闪光光解 ROH(0.05 mM)和 DPA(5 mM)的微乳体系所得到的在 0.02 μs(-■-)，0.2 μs(-●-)和 1.5 μs(-▲-)的瞬态吸收谱图。插图：相同条件下所得到的在 680 nm 和 590 nm 处的动力学衰减曲线

总之，由结果可以看出，有机胺类是 ROH$^{\bullet+}$的有效清除剂，它们能够与 ROH$^{\bullet+}$发生电子转移反应，反应速率常数由扩散速率控制。

4.3.6　ROH$^{\bullet+}$与叠氮钠之间的反应

叠氮钠(NaN$_3$)是一种有效的自由基清除剂[128,129]，本文第 3 章中的研究发现，NaN$_3$能够与 ATRA$^{\bullet+}$发生加成反应，生成特征吸收峰在 390 nm 处的加成产物。作为比较，本章对 ROH$^{\bullet+}$和 NaN$_3$之间的反应也进行了定性和定量研究。

355 nm 激光闪光光解 ROH 的中性微乳体系发现,随着 NaN$_3$ 浓度的增加,ROH$^{\bullet+}$ 在 590 nm 处动力学衰减速率逐渐增加(图 4-13)。可以看出 ROH$^{\bullet+}$ 和 NaN$_3$ 之间能够发生反应。利用公式(2-13)本章求算出了 ROH$^{\bullet+}$ 与 NaN$_3$ 的反应速率常数(表 4-1)。

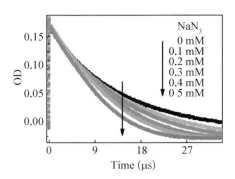

图 4-13 在 pH=7.4 条件下,355 nm 激光闪光光解 ROH(0.05 mM)和不同浓度 NaN$_3$ 的微乳体系所得到的 ROH$^{\bullet+}$ 在 590 nm 的动力学衰减曲线

在 pH=7.4 和 O$_2$ 饱和的条件下,355 nm 激光闪光光解 ROH 和 NaN$_3$ 的微乳体系所得到的瞬态吸收谱图表明,随着 ROH$^{\bullet+}$ 在 590 nm 处的特征吸收峰的消失,380 nm 附近出现了一个新的瞬态吸收峰(图 4-14)。动力

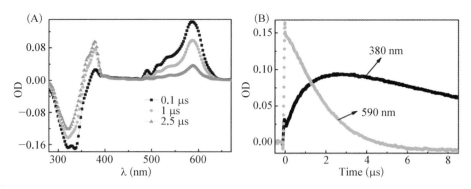

图 4-14 (A) 在 pH=7.4 和 O$_2$ 饱和的条件下,355 nm 激光闪光光解 ROH(0.05 mM)和 NaN$_3$(4 mM)的微乳体系所得到的在 0.1 μs(-■-),1 μs(-●-)和 2.5 μs(-▲-)的瞬态吸收谱图。(B) 380 nm 和 590 nm 的动力学衰减曲线

学衰减曲线表明,590 nm 处的衰减过程与 380 nm 处的生成过程是同步的,从瞬态吸收变化和动力学衰减特征可以看出,ROH$^{\bullet+}$与 NaN$_3$的反应类似于 ATRA$^{\bullet+}$与 NaN$_3$之间的加成反应。如果 ROH$^{\bullet+}$与 NaN$_3$发生电子转移反应,不应该出现 380 nm 处的瞬态产物,因此断定 ROH$^{\bullet+}$与 NaN$_3$的反应也是加成反应(4-5)。

$$ROH^{\bullet+} + N_3^- \longrightarrow 加成产物 \qquad (4-5)$$

4.3.7　ROH$^{\bullet+}$与卤族阴离子之间的反应

在均相体系中,ROH$^{\bullet+}$能够与 Br$^-$和 Cl$^-$发生加成反应,反应速率非常的快,大于 10^{10} M^{-1}s^{-1}[64],如果 Br$^-$和 Cl$^-$在异相体系中也能够有效地与 ROH$^{\bullet+}$发生反应,那么该类阴离子可以用作 ROH$^{\bullet+}$的有效清除剂。为此本章考察了微乳体系中 ROH$^{\bullet+}$与卤族阴离子之间的反应。

在 pH=7.4 的条件下,将不同 Br$^-$浓度值与对应 Br$^-$浓度下 ROH$^{\bullet+}$在 590 nm 处的 k_{obs}按照公式(2-13)进行线性拟合(图 4-15),由斜率值可求算出 ROH$^{\bullet+}$与 Br$^-$的反应速率常数(表 4-1)。由结果可知,所得到的反应速率常数远小于均相体系中的结果,此外,Cl$^-$几乎不影响 ROH$^{\bullet+}$在

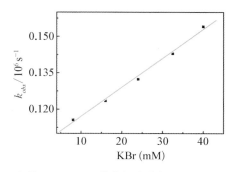

图 4-15　在 pH=7.4 条件下,355 nm 激光闪光光解 ROH(0.05 mM)和不同浓度 Br$^-$的微乳体系所得到的 ROH$^{\bullet+}$在 590 nm 的 k_{obs}与相应 Br$^-$浓度值之间的线性拟合

590 nm 处的动力学衰减(表 4-1)。在 El-Agamey 和 Fukuzumi 的实验中,卤族阴离子的供体是四丁基卤化物,在乙腈和苯甲腈体系中,卤族阴离子是否以解离的状态存在很难确定。而本实验使用卤化钾,它在水中能够充分溶解,卤族阴离子则以水合阴离子的形式存在,在微乳中则发现,$ROH^{\bullet+}$ 与水相中的卤族阴离子反应活性非常低。在微乳体系中,$ROH^{\bullet+}$ 能够与水相中的 NaN_3 反应,所以可以排除由于分散相的差异阻止 $ROH^{\bullet+}$ 与水相中卤族阴离子反应的可能性,那么可能的原因是卤族阴离子的水合化降低了其与 $ROH^{\bullet+}$ 的反应活性。

4.3.8　$ROH^{\bullet+}$ 与氨基酸和溶菌酶之间的反应

为了考察 $ROH^{\bullet+}$ 是否具有损伤蛋白质的潜力,本章研究了 $ROH^{\bullet+}$ 对色氨酸(Trp),酪氨酸(Tyr),L-半胱氨酸(Cys)和溶菌酶的反应活性。

在 pH=7.4 和 O_2 饱和的条件下,355 nm 激光闪光光解 ROH 和 Trp 的微乳体系所得到的动力学衰减曲线表明,Trp 的存在能够加快 $ROH^{\bullet+}$ 在 590 nm 处的动力学衰减(图 4-16A),说明 $ROH^{\bullet+}$ 能够和 Trp 发生反应。同样,将 Trp 浓度值与对应 Trp 浓度下 $ROH^{\bullet+}$ 在 590 nm 处的 k_{obs} 按照公式(2-13)进行线性拟合(图 4-16 插图),本章计算出它们之间的反应速率常数(表 4-1)。但是,在 pH=7.4 和 O_2 饱和的条件下,355 nm 激光闪光光解 ROH 和 Trp 的微乳体系所得到的不同时刻的瞬态吸收谱图上很难找到 $Trp^{\bullet}$($\lambda_{max}=530$ nm$^{[136,137]}$)的瞬态吸收(图 4-16B),因此,无法判断 $ROH^{\bullet+}$ 和 Trp 之间的反应类型。

在 pH=7.4 和 O_2 饱和的条件下,355 nm 激光闪光光解 ROH 和 Cys 的微乳体系所得到的瞬态吸收谱图表明,随着 $ROH^{\bullet+}$ 的特征吸收峰的衰减,在 380 nm 处出现一个新的瞬态吸收峰(图 4-17A),590 nm 处的衰减过程与 380 nm 处的生成过程几乎是同步的(图 4-17B),因此得出 $ROH^{\bullet+}$ 与 Cys 发生了反应,生成了在 380 nm 具有吸收的瞬态物质。对 380 nm 处瞬

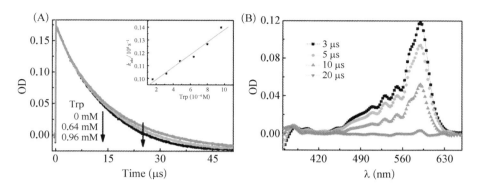

图 4-16　（A）在 pH＝7.4 条件下，355 nm 激光闪光光解 ROH(0.05 mM)和不同浓度 Trp 的微乳体系所得到的 ROH$^{\bullet+}$ 在 590 nm 的动力学衰减曲线。插图：ROH$^{\bullet+}$ 在 590 nm 的 k_{obs} 与相应 Trp 浓度值之间的线性拟合。（B）在 pH＝7.4 和 O$_2$ 饱和的条件下，355 nm 激光闪光光解 ROH(0.05 mM)和 Trp (0.96 mM)的微乳体系后在 3 μs(-■-)，5 μs(-●-)，10 μs(-▲-)和 20 μs(-▼-)的瞬态吸收谱图

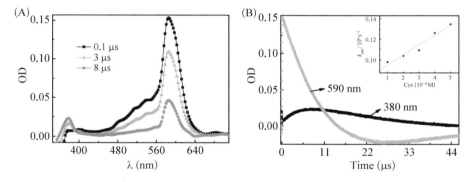

图 4-17　（A）在 pH＝7.4 和 O$_2$ 饱和的条件下，355 nm 激光闪光光解 ROH(0.06 mM)和 Cys(10 mM)的微乳体系后分别在 0.1 μs(-■-)，3 μs(-▲-)和 8 μs(-●-)的瞬态吸收谱图。（B）在相同条件下所得到的在 380 nm 和 590 nm 的动力学衰减曲线。插图：在 pH＝7.4 条件下，355 nm 激光闪光光解 ROH (0.05 mM)和不同浓度 Cys 的微乳体系所得到的 ROH$^{\bullet+}$ 在 590 nm 的 k_{obs} 与相应 Cys 浓度值之间的线性拟合

态产物的归属是非常困难的，一方面，如果 ROH$^{\bullet+}$ 与 Cys 发生了电子转移反应，所生成的巯基阳离子自由基(R-S$^{\bullet+}$)能够与邻近的 S，O 或者 N 上的未成键电子对络合，形成相应的含硫三电子键自由基(λ_{max}＝380 nm)[156-158]；

另一方面,由于 ROH$^{\bullet+}$ 与 NaN$_3$ 和卤族阴离子的加成产物的特征吸收均是在 370～390 nm 之间,因此,380 nm 处的瞬态产物也有可能是 ROH$^{\bullet+}$ 与 Cys 之间的加成产物。

通过公式(2-13)本文计算出了 ROH$^{\bullet+}$ 与 Cys 和 Lyso 之间的反应速率常数(表 4-1),但是无法证明 ROH$^{\bullet+}$ 能够与 Tyr 发生反应。同样,本文无法表征 ROH$^{\bullet+}$ 和 Lyso 之间的反应机理。

4.3.9 ROH$^{\bullet+}$ 与亚油酸之间的反应

由于细胞膜是 ROH 最倾向于分布的生物结构,在 UVB 光诱导下,膜体系中 ROH 发生光电离产生的 ROH$^{\bullet+}$ 最有可能进攻细胞膜的还原性成分。在细胞膜中,除了一些膜蛋白之外,不饱和脂肪酸则是 ROH$^{\bullet+}$ 损伤的潜在目标。本章选取亚油酸作为模型,试图通过研究 ROH$^{\bullet+}$ 对亚油酸的反应活性,来判断 ROH$^{\bullet+}$ 是否具有氧化损伤不饱和脂肪酸的能力。

355 nm 激光闪光光解 ROH 和亚油酸的中性微乳体系发现,亚油酸的存在加快了 ROH$^{\bullet+}$ 在 590 nm 处的动力学衰减速率(图 4-18)。可以看出 ROH$^{\bullet+}$ 能够与亚油酸发生反应。利用公式(2-13)本章求算出了 ROH$^{\bullet+}$ 与亚油酸之间的反应速率常数(表 4-1)。这一结果表明,无论是通过

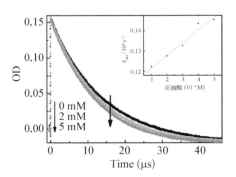

图 4-18 在 pH=7.4 条件下,355 nm 激光闪光光解 ROH(0.05 mM)和不同浓度亚油酸的微乳体系所得到的在 590 nm 的动力学衰减曲线。插图:ROH$^{\bullet+}$ 在 590 nm 的 k_{obs} 与相应亚油酸浓度值之间的线性拟合

ROH 的光电离反应,还是 ROH 与活性氧自由基的氧化还原反应,所产生的 ROH$^{•+}$ 可能会作用于生物膜的不饱和脂肪酸,引起生物膜损伤。

4.3.10　ROH$^{•+}$与抗氧化剂之间的反应

ROH 经常被用作抗氧化剂,它能够被活性氧自由基氧化生成 ROH$^{•+}$,这一氧化反应被认为是 ROH 抗氧化的一条途径。然而,ROH 能否作为安全的抗氧剂取决于 ROH$^{•+}$ 反应活性的强弱或者是否存在有效清除 ROH$^{•+}$ 的途径。以上结果表明,ROH$^{•+}$ 是一个反应活性很强的物质,它不仅能够与疏水性的亲核试剂 DMA 和 DPA 发生电子转移反应,与亲水性的自由基清除剂 NaN$_3$ 发生加成反应,还能够与 Lyso,Trp,Cys 和亚油酸发生反应,这预示着 ROH 具有潜在的光毒性,会引起蛋白质和生物膜的损伤。当 ROH 单独作为抗氧化剂使用时,可能会有促氧化的风险。然而,在胶束体系中产生的 ROH$^{•+}$ 能够有效地与水溶性抗氧化剂 VC 发生反应,这一结果表明,当 ROH 作为抗氧化剂清除活性氧自由基时,所生成的 ROH$^{•+}$ 能够被 VC 快速清除[67]。因此,选择能够清除 ROH$^{•+}$ 的抗氧化剂与 ROH 配伍使用,或许能够有效避免 ROH 的光毒性或者促氧化作用。为此,本文考察了一系列抗氧化剂与 ROH$^{•+}$ 的反应活性。

和第 3 章相同,所选抗氧化剂主要分为水溶性和水不溶性两类,在水不溶性的抗氧化剂中又可分为脂溶性的和醇溶性的。反应速率常数的计算,均是利用公式(2-13),所得到的速率常数见表 4-2。从表 4-2 可以看出,总体上讲,醇溶性抗氧化剂与 ROH$^{•+}$ 的反应活性最强,水溶性的次之,脂溶性的最差。ROH$^{•+}$ 对所选抗氧化剂反应活性的趋势与 ATRA$^{•+}$ 大体一致,但是 ROH$^{•+}$ 能够与 β-car 发生反应,事实上,β-car 常被用于区分类视黄醇阳离子自由基和视黄基碳正离子[64,66,69],因为 β-car 与碳正离子不发生反应,而与阳离子自由基发生电子转移反应,生成 β-car 阳离子自由基($\lambda_{max}=1\,040$ nm)。根据上一章分析,由于 β-car 和 ATRA$^{•+}$ 在微乳中分布位置的差异阻止了它们之间的反应，ROH 的醇羟基的极性没有 ATRA 的羧基强，所以 $ROH^{\bullet +}$ 在微乳中的分布可能相对更倾向于油相，进而能够与 β- car 发生反应。但是这一假设无法解释为什么 BHT 与 $ROH^{\bullet +}$ 无法反应。影响类视黄醇阳离子自由基与抗氧化剂之间反应的因素可能很多（例如抗氧化剂的分子结构和氧化还原电势），很难找出统一的机理去解释。但不管怎样，通过比较它们的反应速率常数，可以初步判断不同的抗氧化剂清除 $ROH^{\bullet +}$ 的能力。

表 4-2　在 pH=7.4 条件下，$ROH^{\bullet +}$ 与所选抗氧化剂的
反应速率常数（单位：$M^{-1}s^{-1}$）

抗 氧 化 剂			与 $ROH^{\bullet +}$ 反应速率常数
水溶性		VC	$(2.2\pm0.3)\times10^{8}$
		没食子酸	$(9.0\pm0.6)\times10^{7}$
		GSH	—
水不溶性	醇溶性	姜黄素	$(9.7\pm0.5)\times10^{8}$
		TBHQ	$(2.5\pm0.2)\times10^{9}$
		PGA	$(1.1\pm0.2)\times10^{9}$
	油溶性	维生素 E	$(6.9\pm0.6)\times10^{6}$
		BHT	—
		β- car	$(2.9\pm0.9)\times10^{8}$

4.4　本 章 小 结

（1）在 pH=7.4 和 N_2 饱和的微乳体系中，经 355 nm 激光激发，ROH 发生单光子光电离反应，生成 $ROH^{\bullet +}$ 和 e_{aq}^{-}。微乳水相中的 pH 值不改变 ROH 的光电离反应，但是能够影响 $ROH^{\bullet +}$ 的衰减，355 nm 激光闪光光解

微乳中 ROH 所发生的光反应类型与在甲醇和胶束体系中的结果很类似。

（2）$ROH^{•+}$ 能够与两种有机胺（DMA 和 DPA）发生电子转移反应，生成相应的有机胺阳离子自由基，它们的反应速率常数是由扩散速率控制的；同时 $ROH^{•+}$ 能够与自由基清除剂 NaN_3 发生加成反应，生成瞬态吸收在 380 nm 处的加成产物。

（3）$ROH^{•+}$ 与水相中卤素阴离子的反应活性非常低，这一结果与在均相体系中的结果相差很大，这可能跟卤素阴离子的水化状态有关。

（4）$ROH^{•+}$ 能够与溶菌酶，Trp，Cys 和亚油酸发生反应，这些结果表明，$ROH^{•+}$ 对蛋白质和不饱和脂肪酸具有潜在的损伤作用。

（5）本章研究了 $ROH^{•+}$ 与不同种类的抗氧化剂之间的反应，并求算了它们之间的反应速率常数，通过比较反应速率常数得出，醇溶性的抗氧化剂姜黄素，TBHQ 和 PGA 与 $ROH^{•+}$ 的反应活性最强，水溶性的抗氧化剂 VC 和没食子酸次之，脂溶性抗氧化剂除了 β - car 外，与 $ROH^{•+}$ 的反应活性都较差。

第**5**章
视黄醇乙酸酯微乳体系的激光闪光光解的研究

5.1 概 述

    视黄醇酯类是天然类视黄醇(全反式视黄酸,全反式视黄醇和全反式视黄醛)在动物体内的重要存储形式。在动物体内,经食物摄入的视黄醇会被相关酶酯化,然后以视黄醇酯类的形式储存于肝脏,当机体需要时,会通过相关酯类水解酶动员储存的视黄醇酯类,释放视黄醇。视黄醇酯类除了用于补充体内维生素 A 之外,鉴于其比维生素 A 具有更高的热稳定性,它们还被广泛的用于化妆品领域,其中两类最常用的视黄醇酯类是棕榈酸视黄酯和视黄醇乙酸酯[57-59]。

    虽然视黄醇酯类的热稳定性比视黄醇高,但是它们比视黄醇更容易发生光降解[57,62]。目前虽然没有具体和系统的证据表明视黄醇酯类具有光毒性和光致瘤性,但是鉴于它们在化妆品领域越来越普遍的应用,探讨视黄醇酯类是否具有光毒性和光致瘤性的研究变得越来越重要[59]。

    在均相体系中,视黄醇乙酸酯能够发生光激发,光异裂和光电离反应,反应类型受溶剂种类影响很大[65,69,70]。视黄醇乙酸酯的光激发反应产生相应的激发三重态($\lambda_{max} \approx 405$ nm)[69,70];光异裂反应是视黄醇乙酸酯经激发单线态发生离子型的光裂解,脱去乙酸根阴离子,生成视黄基碳正离子的过程(图 1 - 2)[70,71]。但是目前没有找到在异相体系中针对视黄醇酯类的瞬态光化学和光生物学的研究。为此,本章在微乳体系中使用 355 nm 激光闪光光解研究了视黄醇乙酸酯的瞬态光化学和光生物学,表征了视黄醇乙酸酯在微乳中的光反应类型及瞬态产物,同时研究了瞬态产物对疏水和亲水还原剂的反应活性。由于微乳体系是一种异相体系,而视黄醇酯类在生物膜结构和化妆品中的分布大都是异相体系,因此在微乳液中所得到的结果有利于阐释视黄醇酯类在实际应用中所发生的瞬态光化学和光生物学。

5.2　实验仪器、试剂和样品制备

5.2.1　实验仪器

纳秒级激光闪光光解装置(同济大学生命科学与技术学院研制);

激光能量计 EPM 1000(美国 COHERENT);

可控流量通气仪(同济大学生命科学与技术学院研制);

紫外-可见分光光度仪 CARY 50 Probe(美国 VARIAN);

DELTA - 320 型 pH 计(梅特勒-托利仪器有限公司);

电子分析天平 AL204(瑞士 METTLER TOLEDO);

超纯水器 Milli - Q(美国 MILLIPORE)。

5.2.2　试剂

视黄醇乙酸酯(ROAT),阿拉丁,USP/EP;

β-胡萝卜素(β- car),Fluka,≥97%;

叠氮钠(NaN_3),Sigma - Aldrich,≥99.5%;

叔丁醇,Sigma - Aldrich,≥99.5%;

二苯胺,国药化学试剂有限公司,CP;

N,N-二甲基苯胺,国药化学试剂有限公司,AR;

没食子酸,国药化学试剂有限公司,AR;

环己烷,国药化学试剂有限公司,AR;

正丁醇,国药化学试剂有限公司,AR;

$NaH_2PO_4 \cdot 2H_2O$,国药化学试剂有限公司,AR;

$Na_2HPO_4 \cdot 12H_2O$,国药化学试剂有限公司,AR;

$Na_3PO_4 \cdot 12H_2O$,国药化学试剂有限公司,AR;

浓磷酸,国药化学试剂有限公司,CP;

酪氨酸(Tyr),国药化学试剂有限公司,AR;

抗坏血酸(VC),国药化学试剂有限公司,>99.7%;

没食子酸,国药化学试剂有限公司,AR;

色氨酸(Trp),上海生工生物工程有限公司,>98.5%;

还原性谷胱甘肽(GSH),上海生工生物工程有限公司,>98%;

十二烷基硫酸钠(SDS),上海生工生物工程有限公司,>99%;

维生素 E,上海生工生物工程有限公司,>99%;

L-半胱氨酸盐酸盐-水(Cys·HCl),上海生工生物工程有限公司,>98%;

溶菌酶(Lyso),上海生工生物工程有限公司,BC;

姜黄素(Cur),阿拉丁,98%;

亚油酸,阿拉丁,≥99%;

没食子酸丙酯(PGA),阿拉丁,98%;

叔丁基对苯二酚(TBHQ),阿拉丁,98%;

2,6-二叔丁基对甲酚(BHT),阿拉丁,>99%(GC);

高纯氧,高纯氮,高纯氧化亚氮:上海浦江特气有限公司,含量99.999%。

5.2.3 样品的制备

本章 ROAT 微乳体系的制备方法同第 3 章 ATRA 微乳液的制备方法。

5.3 结 果 与 讨 论

5.3.1 ROAT 微乳的紫外吸收

图 5-1 是 ROAT 在中性微乳体系中的紫外可见吸收谱,可以看出 ROAT 在 355 nm 处具有吸收,因此可用 355 nm 激光闪光光解进行研究。与 ROH 相同,水相中 pH 值的变化不影响 ROAT 在微乳中的紫外可见吸收,可能的原因是 ROAT 和 ROH 没有可解离的基团,水相中 H^+ 和 OH^- 不影响它们在微乳中的分子结构。

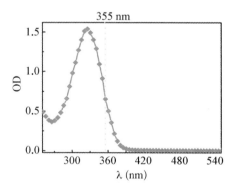

图 5-1 ROAT(0.02 mM)在 pH=7.4 的微乳体系中的紫外可见吸收

5.3.2 ROAT 在微乳中光电离反应的确定

在 pH=7.4 和 N_2 饱和的条件下,355 nm 激光闪光光解 ROAT 微乳体系所得到的在 0.1 μs 时刻的瞬态吸收谱图在 410 nm,580 nm 和 640~

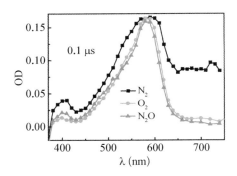

图 5 - 2　在 pH＝7.4 的条件下,355 nm 激光闪光光解分别经 N₂(-■-),O₂(-●-)和 N₂O(-▲-)饱和的 ROAT(0.075 mM)微乳体系后在 0.1 μs 时刻的瞬态吸收谱图

760 nm 波长区域分别出现三个特征吸收峰(图 5 - 2)。

　　640～760 nm 处是一个较宽的连续吸收带,与 e_{aq}^{-} 的特征吸收很相似,在 O₂ 和 N₂O 饱和的条件下,640～760 nm 处的吸收峰则消失(图 5 - 2)。在 N₂,O₂ 和 N₂O 饱和的条件下分别得到的动力学衰减曲线表明,e_{aq}^{-} 在 720 nm 处的动力学衰减过程在 O₂ 和 N₂O 作用下明显加快,几乎消失(图 5 - 3A)。由于 O₂ 和 N₂O 是 e_{aq}^{-} 的有效清除剂,因此可以判断 ROAT 的光反应生成了 e_{aq}^{-}。e_{aq}^{-} 是光电离发生的直接证据[125],这说明在 355 nm 激光激发下,ROAT 发生了光电离反应(5 - 1):

$$\text{ROAT} \xrightarrow{\text{355 nm hv}} \text{ROAT}^{\bullet+} + e_{aq}^{-} \qquad (5 - 1)$$

　　在无水体系中,ROAT 主要发生光异裂反应生成视黄基碳正离子(RCH_2^{+}),没有证据表明 ROAT 能够发生光电离反应[65,69,159]。ROAT 甲醇溶液中加入少量水后,经 347 nm 激光闪光光解后能够观察到溶剂化电子(e_{sol}^{-})生成的迹象,但是由于信号较弱,作者也没有确定 ROAT 是否发生光电离反应[69]。由于类视黄醇阳离子自由基与 RCH_2^{+} 的吸收峰很接近,因此判断类视黄醇是否发生光电离,最直接的手段就是观察 e_{sol}^{-} 的吸收。由于 e_{sol}^{-} 摩尔消光系数小或者 e_{sol}^{-} 能够与类视黄醇在无水体系中发生快速反应,

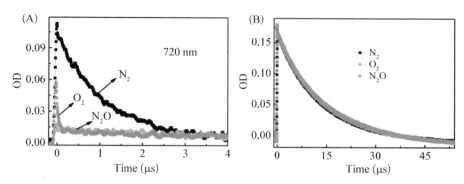

图 5-3 在 pH=7.4 的条件下，355 nm 激光闪光光解分别经 N_2，N_2O 和 O_2 饱和的 ROAT(0.075 mM)微乳体系后所得的在 720 nm 处(A)和 580 nm 处(B)的动力学衰减曲线

因此很难观察的 e_{sol}^- 的吸收[64,65,148]。正如在上一章中所讨论的，在微乳体系中，我们能够清楚地观察到 e_{aq}^- 的吸收峰，可能得益于异相体系的结构优势。

e_{aq}^- 的光吸收范围很宽，虽然其最大吸收在 720 nm 附近，但是它从 400 nm 至近红外区都有吸收，因此在 O_2 和 N_2O 饱和的条件下，由于去除了 e_{aq}^- 的吸收，580 nm 的吸收峰会变窄(图 5-2)。590 nm 的动力学衰减基本不受 O_2 和 N_2O 的影响(图 5-3B)，已报道的均相体系中有关 ROAT 的激光闪光光解和脉冲辐解研究表明，ROAT 的阳离子自由基(ROAT$^{\bullet+}$)在不同溶剂中的最大吸收峰位置在 580～590 nm 之间[65,66,69]，但是由于 ROAT$^{\bullet+}$ 后续反应复杂，暂时不对其进行归属，后面将会进行详细讨论。

5.3.3 微乳中 ROAT 与 e_{aq}^- 的反应

在脉冲辐解水包油微乳体系的过程中，油相中产生的多余电子会穿过微乳的油水界面逃逸至水相，被水分子捕获而形成 e_{aq}^-，在阴离子表面活性剂组成的微乳中，e_{aq}^- 的衰减主要是在水相中进行的[99,100,154]。同样可以推测，在实验条件下，经 355 nm 激光激发，ROAT 失去电子，逃逸至水相中的电子与水分子作用形成 e_{aq}^-，本文微乳所使用的表面活性剂为 SDS，它将使微乳表面带负电荷，由于静电排斥的作用，光电离所产生的 e_{aq}^- 返回微乳将受到抑制。然而，在 pH＝7.4 和 N₂ 饱和的条件下，355 nm 激光闪光光解 ROAT 微乳体系所得到的不同时刻的瞬态吸收谱图表明，随着 640～760 nm 处 e_{aq}^- 瞬态吸收的衰减，400 nm 处出现一个新的瞬态吸收峰（图 5-4），动力学衰减曲线表明，400 nm 处动力学生成过程与 e_{aq}^- 在 720 nm 处的衰减过程几乎是同步的（图 5-4 插图），且 400 nm 处的生成过程以及该处的瞬态吸收均能够被 e_{aq}^- 清除剂 O₂ 和 N₂O 所清除（图 5-5），这说明 e_{aq}^- 的次级反应生成

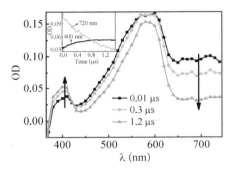

图 5-4　在 pH＝7.4 和 N₂ 饱和的条件下，355 nm 激光闪光光解 ROAT（0.075 mM）微乳体系所得到的在 0.01 μs(-■-)，0.3 μs(-●-)和 1.2 μs(-▲-)时刻的瞬态吸收谱图。插图：相同条件下所得到的在 400 nm 和 720 nm 处的动力学衰减曲线

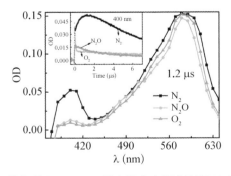

图 5-5　在 pH＝7.4 的条件下，355 nm 激光闪光光解分别经 N₂(-■-)，N₂O(-●-)和 O₂(-▲-)饱和的 ROAT（0.075 mM）微乳体系所得的在 1.2 μs 的瞬态吸收谱图。插图：相同条件下所得的在 400 nm 处的动力学衰减曲线

了在 400 nm 具有吸收的瞬态产物。

新生成的瞬态产物不应归属于 ROAT 阴离子自由基（ROAT$^{\bullet-}$）。虽然许多文献报道了 e_{sol}^{-} 与 ROAT 的加成反应也会生成在 400 nm 附近具有吸收的瞬态产物，并将这一瞬态产物归属于 ROAT$^{\bullet-}$[64,69,78]，但是，Bhattacharyya 等人通过对 ROAT$^{\bullet-}$ 的详细研究表明，ROAT 与电子加成之后会迅速脱去乙酸根阴离子衰减为瞬态吸收在 395 nm 处的瞬态产物，ROAT$^{\bullet-}$ 的衰减过程非常的快，在纳秒级别的时间分辨仪器中根本观察不到它的特征吸收[155]。因此，这里 400 nm 处的瞬态产物应该归属于 ROAT$^{\bullet-}$ 脱去乙酸根阴离子的产物（5 - 2）。

$$RCH_2OCOCH_3 + e_{aq}^{-} \longrightarrow \left[RCH_2OCOCH_3^{\bullet-}\right] \longrightarrow \underset{(\lambda_{max}=400\,nm)}{R\dot{C}H_2} + CH_3COO^{-}$$

$$(5 - 2)$$

在一定的 ROAT 浓度范围内，增加 ROAT 的浓度能够加快 e_{aq}^{-} 在 720 nm 处的动力学衰减（图 5 - 6），通过线性拟合不同 ROAT 浓度下 e_{aq}^{-} 在 720 nm 处动力学衰减的表观假一级反应速率常数（k_{obs}）与相应 ROAT 浓度值[155]，由直线斜率便可求出 e_{aq}^{-} 与 ROAT 之间的反应速率常数：$(2.3\pm0.4)\times10^9\ M^{-1}s^{-1}$（图 5 - 7）。

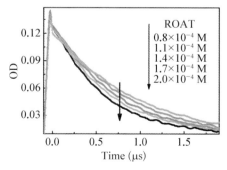

图 5 - 6　在 pH＝7. 4 和 N₂ 饱和的条件下，355 nm 激光闪光光解不同浓度的 ROAT 微乳体系所得到的在 720 nm 处的动力学衰减曲线

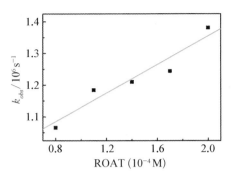

图5-7 在pH=7.4和N₂饱和的条件下,355 nm激光闪光光解不同浓度的ROAT微乳体系所得到的在720 nm处的k_{obs}与相应ROAT浓度值之间的线性拟合

5.3.4 ROAT 在微乳中光电离的表征

本文首次观察到了 ROAT 的光电离反应,为了验证 ROAT 在微乳液中的光电离反应是单光子过程还是双光子过程,本章考察了 e_{aq}^- 的量子产额与相对激光强度(I_L)的关系。在 pH=7.4 和 N_2 饱和的条件下,355 nm 激光闪光光解 ROAT(0.075 mM)微乳体系,记录在不同激光强度下 e_{aq}^- 在 720 nm 处动力学衰减曲线的最大 OD 值($\triangle OD_{720\,nm}$),即 e_{aq}^- 的产额,以 $\triangle OD_{720\,nm}$ 与相应的 I_L 作图,发现两者呈很好的线性关系,说明 ROH 在微乳中的光电离类型是单光子电离(图 5-8)[65]。

如果 580 nm 处的吸收峰是 ROAT•+,那么 ROAT•+ 在 580 nm 处的动力学衰减曲线的最大 OD 值($\triangle OD_{580\,nm}$),即 ROAT•+ 的产额,也应该与相应的 I_L 呈线性关系。但是,在 pH=7.4 和 O_2 饱和的条件下,355 nm 激光闪光光解 ROAT(0.075 mM)微乳体系,记录在不同激光强度下的 $\triangle OD_{580\,nm}$,却发现 $\triangle OD_{580\,nm}$ 与相应的 I_L 不呈线性关系(图 5-8)。可能的原因是 ROAT•+ 在生成之后,会通过快速的分子内或者溶剂辅助的转化过程,形成视黄基阳离子(5-3~5-4)[66],该反应过程较快,在纳秒级的分辨率水平很难观测到这一衰减过程。

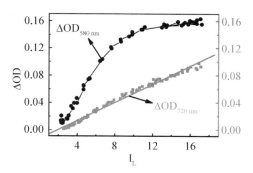

图 5-8　在 pH＝7.4 的条件下,355 nm 激光闪光光解 N$_2$ 饱和的 ROAT(0.08 mM)微乳
体系所得到的 $\Delta OD_{720\ nm}$ 与 I$_L$ 值的线性拟合(■)(线性相关性系数 $r=0.994$);
在 pH＝7.4 的条件下,355 nm 激光闪光光解 O$_2$ 饱和的 ROAT(0.08 mM)微乳
体系所得到的 $\Delta OD_{580\ nm}$ 随 I$_L$ 值的变化趋势(●)

$$RCH_2OCOCH_3^{\bullet+} \longrightarrow RCH_2^+ + OCOCH_3^\bullet \qquad (5-3)$$

$$RCH_2OCOCH_3^{\bullet+} + HR'' \longrightarrow RCH_2^+ + {}^\bullet R'' + HOCOCH_3 \qquad (5-4)$$

虽然 ROAT$^{\bullet+}$ 与 RCH$_2^+$ 的最大吸收峰位置很相近(≈590 nm),但是
ROAT$^{\bullet+}$ 在 590 nm 处的摩尔消光系数(≈10^5 M^{-1} cm^{-1})比 RCH$_2^+$ 的
(≈10^4 M^{-1} cm^{-1})要大一个数量级[69,159]。这就解释了为什么随着激光强
度的增加,$\Delta OD_{580\ nm}$ 没有线性增加,即:ROAT$^{\bullet+}$ 生成的同时,会逐渐衰减
成为摩尔消光系数较小的 RCH$_2^+$。如果是这样,580 nm 处的瞬态吸收和
动力学衰减过程应该是 ROAT$^{\bullet+}$ 与 RCH$_2^+$ 共同叠加的结果,这就为定性研
究 ROAT$^{\bullet+}$ 的反应活性带来困难。由于不确定微乳中 ROAT$^{\bullet+}$ 衰减生成
RCH$_2^+$ 的程度,本章无法确切归属 580 nm 的瞬态物质。但是,由于类视黄
醇阳离子自由基与 RCH$_2^+$ 具有相近的衰减寿命、特征吸收峰位置和反应活
性[64-66,70,79,80],El-Agamey 和 Fukuzumi 提出,当在相同的反应条件下比
较类视黄醇阳离子自由基和 RCH$_2^+$ 对亲核试剂的反应活性时,它们可以被
看作同一个模型[64]。为此,我们使用"源于视黄醇乙酸酯的瞬态阳离子
(ROAT$^+$)"来代表 580 nm 处 ROAT$^{\bullet+}$ 与 RCH$_2^+$ 的可能组合。

5.3.5 pH 值对微乳中 ROAT$^+$ 衰减的影响

经 O$_2$ 饱和后,355 nm 激光闪光光解不同 pH 值下的 ROAT 微乳体系所得到的动力学衰减曲线表明(图 5-9),中性和碱性条件下,580 nm 处的动力学衰减过程不受 pH 值影响,即是说水相中 OH$^-$ 不影响 ROAT$^+$ 的衰减。而在酸性条件下,ROAT$^+$ 的动力学衰减略有增加,且 580 nm 处的最大 OD 值也有所降低。

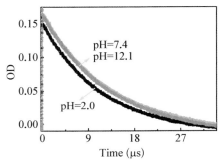

图 5-9 355 nm 激光闪光光解 O$_2$ 饱和的 ROAT(0.075 mM)微乳体系所得到的 580 nm 处的动力学衰减受 pH(2.0,7.4 和 12.1)的影响

5.3.6 微乳中 ROAT$^+$ 与有机胺之间的反应

在 pH=7.4 和 O$_2$ 饱和的条件下,355 nm 激光闪光光解含有 ROAT 和 DMA 的微乳体系所得到的动力学衰减曲线表明,随着 DMA 浓度的增加,ROAT$^+$ 在 580 nm 处的动力学衰减逐渐增加(图 5-10A),说明 ROAT$^+$ 和 DMA 之间发生了反应。同样,将 DMA 浓度值与对应 DMA 浓度下 ROAT$^+$ 在 580 nm 处的 k_{obs} 按照公式(2-13)进行线性拟合(图 5-10B),由斜率值计算出 ROAT$^+$ 与 DMA 的反应速率常数(表 5-1)。

在 pH=7.4 的条件下,经 O$_2$ 饱和后,355 nm 激光闪光光解 ROAT (0.075 mM)和 DMA(0.1 mM)的微乳体系所得的瞬态吸收谱图表明,随着

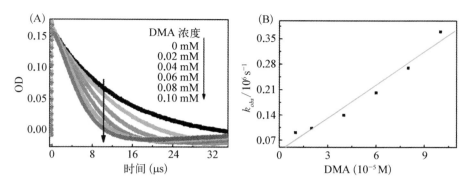

图 5 - 10　（A）在 pH ＝ 7.4 和 O₂ 饱和的条件下，355 nm 激光闪光光解 ROAT（0.075 mM）和不同浓度 DMA 的微乳体系后所得到的在 580 nm 处动力学衰减曲线。（B）ROAT⁺ 在 580 nm 的 k_{obs} 与相应 DMA 浓度值之间的线性拟合

表 5 - 1　在 pH ＝ 7.4 条件下，ROAT⁺ 与所选物质的
反应速率常数（单位：$M^{-1}s^{-1}$）

	与 ROAT⁺ 反应速率常数
NaN₃	$(2.4 \pm 0.2) \times 10^8$
DMA	$(3.0 \pm 0.3) \times 10^9$
DPA	$(2.9 \pm 0.3) \times 10^9$
Lyso	$(2.6 \pm 0.5) \times 10^8$
Tyr	—
Trp	$(9.6 \pm 1.0) \times 10^7$
Cys	$(9.0 \pm 2.0) \times 10^6$
亚油酸	$(9.5 \pm 0.6) \times 10^5$

ROAT⁺ 在 580 nm 处的瞬态吸收逐渐衰减，在 460 nm 处出现了 DMA·⁺ 的特征吸收峰[108]（图 5 - 11）。由于 ROAT⁺ 瞬态吸收的干扰，从 460 nm 处的动力学衰减曲线中无法直接观察到 DMA·⁺ 的生成过程。使用减谱技术便可得到纯净的 DMA·⁺ 生成曲线（图 5 - 11 插图），为了能够更清楚的看到 460 nm 的生成过程，在减谱过程中我们使用了 ROAT⁺ 在 510 nm 处的动

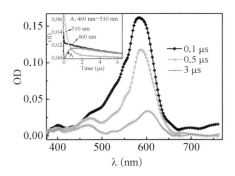

图 5 - 11　在 pH＝7.4 和 O₂ 饱和的条件下,355 nm 激光闪光光解 ROAT(0.075 mM)和 DMA(0.1 mM)的微乳体系所得到的在 0.1 μs(-◆-),0.5 μs(-▼-)和 3 μs (-│-)时刻的瞬态吸收谱图。插图:在相同实验条件下所得到的在 460 nm 和 510 nm 处的动力学衰减曲线,以及使用减谱技术,从 460 nm 处的动力学衰减中减去 510 nm 处的动力学衰减所得的 DMA·⁺ 的动力学生成过程

力学衰减曲线,经减谱后可以看出 460 nm 的生成过程与 ROAT⁺ 在 510 nm 处的动力学衰减几乎是同步的。这些结果说明 ROAT⁺ 与 DMA 之间发生了电子转移反应。

　　同样,我们在 pH＝7.4 的条件下考察了 ROAT⁺ 与 DPA 之间的反应。结果发现 DPA 也能够加速 ROAT⁺ 在 580 nm 处的动力学衰减,同样使用公式(2 - 13)本章也计算出了它们的反应速率常数(表 5 - 1)。在 pH＝7.4 的条件下,经 O₂ 饱和后,355 nm 激光闪光光解含有 ROAT 和 DPA 的微乳体系所得到的瞬态吸收谱图表明,随着 ROH 在 580 nm 处的衰减,680～730 nm 区域出现了较宽的吸收峰(图 5 - 12)。在 O₂ 饱和的条件下,不会出现 e_{aq}^{-} 的吸收,而 DPA 中性自由基(DPA·)在 700 nm 处具有一个较宽的吸收带[126],因此,在本文的微乳体系中,680～730 nm 区域的吸收峰应归属为 DPA·。这说明 ROAT⁺ 与 DPA 之间发生了电子转移反应。

5.3.7　乙腈中 RCH₂⁺ 与有机胺的反应

　　从 ROAT⁺ 与 DMA 和 DPA 反应的瞬态吸收谱图上可以看出(图 5 -

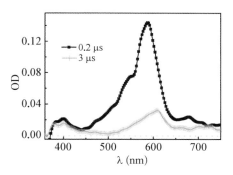

图 5 - 12　在 pH＝7. 4 和 O₂ 饱和的条件下,355 nm 激光闪光光解 ROAT(0. 075 mM)和 DPA(0. 1 mM)的微乳体系所得到的在 0. 2 μs(-■-)和 3 μs(-│-)时刻的瞬态吸收谱图

11～图 5 - 12),随着 580 nm 处 ROAT⁺ 的衰减,除了能够观察到 DMA•⁺ 和 DPA• 的特征吸收之外,在两图上都能看到在 370～420 nm 区域的瞬态吸收。ROAT•⁺ 被单电子还原之后不会产生瞬态吸收,而 RCH_2^+ 被单电子还原之后理应会生成瞬态吸收在 385 nm 处的 $RCH_2^•$[66,69],但是没有研究表明 RCH_2^+ 能够与有机胺发生电子转移[66,155]。为了对 370～420 nm 区域的瞬态吸收进行归属,本章在乙腈中研究了 RCH_2^+ 与 DMA 和 DPA 之间的反应机理。在乙腈体系中,激光闪光光解 ROAT 主要发生光异裂反应,生成 RCH_2^+[159]。由于 RCH_2^+ 与类视黄醇阳离子自由基对氧气均不敏感,所以在乙腈体系中研究 RCH_2^+ 的反应活性不需要脱氧处理。

　　355 nm 激光闪光光解 ROAT 和 DMA 的乙腈溶液所得到的瞬态吸收谱图表明(图 5 - 13),随着 580 nm 处 RCH_2^+ 的衰减,分别在 395 nm 和 460 nm 处出现两个瞬态吸收峰,460 nm 附近的瞬态吸收是 DMA•⁺ 的特征吸收位置,由于 RCH_2^+ 瞬态吸收的干扰,无法直接看到 DMA•⁺ 的生成过程,通过减谱技术可以看到 DMA•⁺ 的动力学生成过程(图 5 - 13 插图)。DMA 在 355 nm 处无吸收,因此可以排除 DMA 发生光电离生成 DMA•⁺ 的可能,那么 DMA•⁺ 的生成只能是通过 RCH_2^+ 与 DMA 之间的电子转移反应,那么

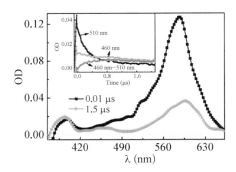

图 5 – 13　355 nm 激光闪光光解 ROAT(0. 1 mM)和 DMA(0. 25 mM)的乙腈溶液所得到的在 0. 01 μs(-■-)和 1. 5 μs(-▲-)时刻的瞬态吸收谱图。插图：在相同实验条件下所得到的在 460 nm 和 510 nm 处的动力学衰减曲线，以及使用减谱的方法，从 460 nm 的动力学衰减中减去 510 nm 的动力学衰减所得的 DMA$^{\bullet+}$的动力学生成过程

另一个产物应该是 RCH$_2^{\bullet}$(λ_{max}＝385 nm)，这也就解释了为什么能够从瞬态吸收谱图上直接观察到 390 nm 处的生成过程。将 DMA 浓度值与对应 DMA 浓度下 RCH$_2^+$ 在 580 nm 处的 k_{obs} 按照公式(2 – 13)进行线性拟合，由斜率值便可得到 RCH$_2^+$ 与 DMA 的反应速率常数：(2.7±0.3)×10^9 M^{-1}s^{-1}。

355 nm 激光闪光光解 ROAT(0. 1 mM)和 DPA(0. 25 mM)的乙腈溶液所得到的瞬态吸收谱图表明(图 5 – 14)，随着 580 nm 处 RCH$_2^+$ 的衰减，在 680 nm 处出现了 DPA$^{\bullet+}$的特征吸收[126]，且随着 DPA 浓度的增加，680 nm 处的动力学生成速率和最大光学强度都增加(图 5 – 15)，这些结果充分表明，RCH$_2^+$ 与 DPA 之间发生了电子转移反应。同样使用公式(2 – 13)，本章得到了 RCH$_2^+$ 与 DPA 的反应速率常数：(4.3±0.3)× 10^9 M^{-1}s^{-1}。

RCH$_2^+$ 与 DMA 和 DPA 的反应结果表明，RCH$_2^+$ 能够与有机胺发生电子转移反应，这与文献的报道具有一定差异，在研究 RCH$_2^+$ 与四甲基联苯胺(TMB)的反应过程中，虽然出现了 TMB$^{\bullet+}$的瞬态吸收，但是没有观察到 TMB$^{\bullet+}$在其特征吸收峰位置的生成过程，笔者将 TMB$^{\bullet+}$ 的出现归结于 TMB 的光电离反应，而推测 RCH$_2^+$ 与 TMB 的反应可能是一种加成反应[66]。

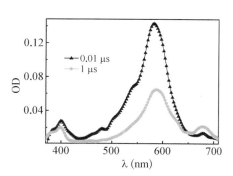

图 5 - 14　355 nm 激光闪光光解 ROAT(0. 1 mM)和 DPA(0. 25 mM)的乙腈溶液所得到的在 0. 01 μs(- ▲ -)和 1 μs(- ● -)时刻的瞬态吸收谱图

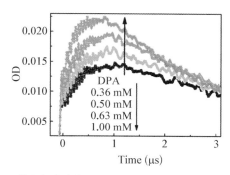

图 5 - 15　355 nm 激光闪光光解 ROAT(0. 1 mM)和不同浓度 DPA 的乙腈溶液所得到的在 680 nm 处的动力学衰减曲线

但是,很有可能 RCH_2^+ 与 TMB 发生了电子转移反应并生成了 $TMB^{•+}$,由于氧化生成的 $TMB^{•+}$ 受 RCH_2^+ 和光电离反应生成的 $TMB^{•+}$ 的双重干扰,无法直接观察到电子转移反应生成 $TMB^{•+}$ 的过程,进而影响笔者对 RCH_2^+ 与 TMB 之间反应类型的判断。

在微乳体系中,355 nm 激光闪光光解 ROAT 所得到的 $ROAT^+$ 可能是 $ROAT^{•+}$ 与 RCH_2^+ 的组合。类视黄醇阳离子自由基能够与有机胺(TMB 和 DMA)发生电子转移反应[66,155],但是我们发现 RCH_2^+ 也能够与有机胺发生电子转移反应,因此,通过 $ROAT^+$ 与有机胺的反应无法判断 $ROAT^+$ 是否包含 $ROAT^{•+}$。但是,根据 375~420 nm 处的瞬态吸收,我们可以判断 ROAT⁺ 中应包含 RCH_2^+，因为 ROAT•⁺ 被单电子还原之后不会产生瞬态吸收，而 RCH_2^+ 被单电子还原后会生成瞬态吸收在 385 nm 处的 $RCH_2^{•[66,69]}$。

5.3.8 微乳中 ROAT⁺ 与 β-car 之间的反应

类视黄醇阳离子自由基能够与 β-car 发生电子转移反应生成 β-car 阳离子自由基（λ_{max} = 1 040 nm），进而加速阳离子自由基的衰减，然而 RCH_2^+ 与 β-car 几乎不发生反应，为了判断 ROAT⁺ 是否具有 ROAT•⁺ 的贡献，我们研究了微乳体系中 ROAT⁺ 与 β-car 的反应。

在 pH=7.4 和 O_2 饱和的条件下，355 nm 激光闪光光解含有 ROAT（0.05 mM）和不同浓度 β-car 的微乳体系所得到的动力学衰减曲线表明，随着 β-car 浓度的增加，ROAT⁺ 在 580 nm 处的动力学衰减逐渐增加（图 5-16），这说明 ROAT⁺ 与 β-car 发生了反应。同样，将 β-car 浓度值与对应 β-car 浓度下 ROAT⁺ 在 580 nm 处的 k_{obs} 按照公式（2-13）进行线性拟合（图 5-16 插图），由斜率值可求算出 ROAT⁺ 与 β-car 的反应速率常数（表 5-1）。ROAT⁺ 能够与 β-car 发生反应，说明 ROAT⁺ 应该包含 ROAT•⁺，β-car 与阳离子自由基一般发生电子转移反应[64,66,69]，但是，

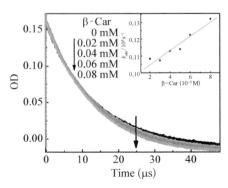

图 5-16　在 pH=7.4 条件下，355 nm 激光闪光光解 ROAT(0.05 mM)和不同浓度 β-car 的微乳体系所得到的 ROAT⁺ 在 580 nm 的动力学衰减曲线。插图：ROAT⁺ 在 580 nm 的 k_{obs} 与相应 β-car 浓度值之间的线性拟合

由于本实验装置检测范围为 280～800 nm，因此，无法直接观察到 β - car 阳离子自由基($\lambda_{max}=1\,040$ nm)的生成。至此，可以确定 ROAT$^+$ 应该具有 ROAT$^{\bullet+}$ 的贡献。

5.3.9　ROAT$^+$ 与叠氮钠之间的反应

在 pH＝7.4 和 O$_2$ 饱和的条件下，355 nm 激光闪光光解 ROAT 和 NaN$_3$ 的微乳体系所得到的瞬态吸收谱图表明，随着 ROAT$^+$ 在 580 nm 处的特征吸收峰的消失，380 nm 附近出现了一个新的瞬态生成吸收峰(图 5－17)。动力学衰减曲线表明，580 nm 处的衰减过程与 380 nm 处的生成过程是同步的。随着 NaN$_3$ 浓度的增加，ROAT$^+$ 在 580 nm 处的动力学衰减速率逐渐增加，同时 380 nm 处的动力学生成速率和光学强度均逐渐增加(图 5－18A 和 B)。这些结果充分说明 ROAT$^+$ 和 NaN$_3$ 发生了反应，生成了在 380 nm 具有特征吸收的瞬态产物。

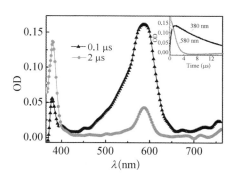

图 5－17　在 pH＝7.4 和 O$_2$ 饱和的条件下，355 nm 激光闪光光解 ROAT(0.075 mM)和 NaN$_3$(4 mM)的微乳体系所得到的在 0.1 μs(-▲-)和 2 μs(-●-)的瞬态吸收谱图。插图：相同条件下所得到的在 380 nm 和 580 nm 的动力学衰减曲线

ROAT$^+$ 是由 ROAT$^{\bullet+}$ 和 RCH$_2^+$ 组成，RCH$_2^+$ 与 NaN$_3$ 是能够发生反应的[159]，但是在这里，RCH$_2^+$ 与 NaN$_3$ 是发生加成反应还是电子转移反应很难确定，因为两种反应类型都有可能生成在 380 nm 具有吸收的产物。前面两章对 NaN$_3$ 与 ATRA$^{\bullet+}$ 和 ROH$^{\bullet+}$ 的反应的研究结果表明，这两类阳离

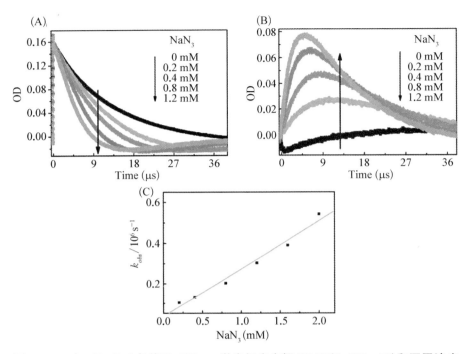

图 5-18 在 pH＝7.4 条件下,355 nm 激光闪光光解 ROAT(0.075 mM)和不同浓度 NaN₃ 的微乳体系所得到的在 580 nm(A)和 380 nm(B)处的动力学衰减曲线。(C) 在 pH＝7.4 条件下,355 nm 激光闪光光解 ROAT(0.075 mM)和不同浓度 NaN₃ 的微乳体系所得到的 ROAT⁺ 在 580 nm 的 k_{obs} 与相应 NaN₃ 浓度值之间的线性拟合

子自由基都能够与 NaN₃ 发生加成反应,生成在 380 nm 具有特征吸收的加成产物,那么 ROAT$^{•+}$ 很有可能与 NaN₃ 也发生了加成反应,但总体上讲,由于 ROAT⁺ 不是单一物质,无法确定 ROAT⁺ 和 NaN₃ 的反应类型。将 NaN₃ 浓度值与对应 NaN₃ 浓度下 ROAT⁺ 在 580 nm 处的 k_{obs} 按照公式(2-13)进行线性拟合(图 5-18C),由斜率值便得到 ROAT⁺ 与 NaN₃ 的反应速率常数(表 5-1)。

5.3.10 ROAT⁺ 与氨基酸和溶菌酶之间的反应

为了考察 ROAT⁺ 是否具有损伤蛋白质的潜力,本章研究了 ROAT⁺

对 Trp,Tyr,L-半胱氨酸(Cys)和溶菌酶的反应活性。

在 pH=7.4 和 O$_2$ 饱和的条件下,355 nm 激光闪光光解 ROH 和 Trp 的微乳体系所得到的动力学衰减曲线表明,Trp 的存在能够加快 ROAT$^+$ 在 580 nm 处的动力学衰减(图 5-19A),说明 ROAT$^+$ 能够和 Trp 反应。同样,将 Trp 浓度值与对应 Trp 浓度下 ROAT$^+$ 在 580 nm 处的 k_{obs} 按照公式(2-13)进行线性拟合(图 5-19B),计算出它们之间的反应速率常数(表 5-1)。但是无法从瞬态谱图中找到 ROAT$^+$ 和 Trp 发生电子转移反应的证据。

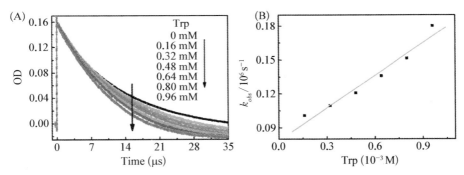

图 5-19　(A) 在 pH=7.4 条件下,355 nm 激光闪光光解 ROAT(0.05 mM)和不同浓度 Trp 的微乳体系所得到的 ROAT$^+$ 在 580 nm 的动力学衰减曲线。(B) ROAT$^+$ 在580 nm 的 k_{obs} 与相应 Trp 浓度值之间的线性拟合

在 pH=7.4 和 O$_2$ 饱和的条件下,355 nm 激光闪光光解 ROAT 和 Cys 的微乳体系所得到的瞬态吸收谱图表明,随着 ROAT$^+$ 的特征吸收峰的衰减,在 380 nm 处出现一个新的瞬态吸收峰(图 5-20),此外,Cys 的存在能够加速 ROAT$^+$ 在 580 nm 处的动力学衰减(图 5-20 插图),因此可以得出 ROAT$^+$ 与 Cys 发生反应生成了在 380 nm 具有吸收的瞬态物质。对 380 nm 处瞬态产物的归属是非常困难的,一方面是由于 ROAT$^+$ 不是单一瞬态物质,另一方面正如第四章分析 ROH$^{\bullet+}$ 与 Cys 反应机理时所讨论的,ROAT$^+$ 与 Cys 无论发生电子转移反应还是加成反应,都有可能生成在

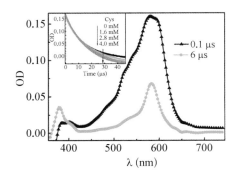

图 5‑20 在 pH＝7.4 和 O₂ 饱和的条件下,355 nm 激光闪光光解 ROAT(0.075 mM)和 Cys(4 mM)的微乳体系所得到的在 0.1 μs(-▲-)和 6 μs(-●-)的瞬态吸收谱图。插图：在不同浓度 Cys(1.6 mM,2.8 mM 和 4 mM)的存在下,ROAT⁺ 在 580 nm 处的动力学衰减曲线

380 nm 附近具有吸收的瞬态物质。

通过公式(2‑13)本文计算出了 ROAT⁺ 与 Cys,Lyso 和亚油酸之间的反应速率常数(表 5‑1),但是无法证明 ROAT⁺ 能够与 Tyr 发生反应。总之,这些结果表明,ROAT⁺ 不仅具有损伤蛋白质和多肽的潜力,而且也可能会作用于生物膜的不饱和脂肪酸,引起生物膜损伤。

5.3.11 ROAT⁺ 与抗氧化剂之间的反应

由以上结果可以得出,在 UVA 光的作用下,异相体系中 ROAT 发生光电离反应,所生成的阳离子自由基和其后续的产物均是反应活性较强的瞬态产物,它们不仅能够有效地与 DMA、DPA 和 NaN₃ 发生反应,而且也能够与 Lyso、Trp、Cys 和亚油酸发生反应,这些结果预示着一条 ROAT 光毒性的潜在光反应途径,即异相体系中 ROAT 通过光电离反应,生成能够直接引起蛋白质和生物膜损伤的瞬态活性物质 ROAT⁺。那么,寻找能够有效清除 ROAT⁺ 的抗氧化剂与 ROAT 配伍将会是缓解或者避免 ROAT 潜在光毒性的一条途径。为此,本章考察了一系列抗氧化剂与 ROAT⁺ 的反应活性。

　　和第 3 章相同,所选抗氧化剂主要分为水溶性和水不溶性两类,水不溶性的抗氧化剂又可分为脂溶性的和醇溶性的。反应速率常数的计算,均是利用公式(2-13),所计算的速率常数列在表 5-2 中。从表 5-2 可以看出,总体上讲,除 GSH 和 β-car 之外,ROAT$^+$ 对所选抗氧化剂的反应活性与 ROH$^{•+}$ 很接近,醇溶性抗氧化剂清除 ROAT$^+$ 的能力最强,水溶性的次之,脂溶性的最差。针对所选不同抗氧化剂与类视黄醇阳离子自由基的反应活性的差异,由于影响因素太复杂,且前两章也试图进行了一些讨论,因此在这里不再进行详细的讨论。这些双分子反应速率常数为寻找有效清除 ROAT$^+$ 的抗氧化剂提供了理论基础。

表 5-2　在 pH＝7.4 条件下,ROAT$^+$ 与所选抗氧化剂的反应速率常数(单位: M^{-1}s^{-1})

抗　氧　化　剂		与 ROAT$^+$ 反应速率常数
水溶性	VC	$(1.3\pm0.1)\times10^8$
	没食子酸	$(1.0\pm0.1)\times10^8$
	GSH	—
水不溶性 醇溶性	姜黄素	$(2.6\pm0.3)\times10^9$
	TBHQ	$(9.0\pm1.4)\times10^8$
	PGA	$(1.0\pm0.1)\times10^9$
油溶性	β-car	$(4.2\pm0.6)\times10^8$
	VE	$(6.4\pm0.4)\times10^6$
	BHT	—

5.4　本　章　小　结

　　(1) 在 pH＝7.4 和 N$_2$ 饱和的微乳体系中,355 nm 激光闪光光解 ROAT

主要发生光电离反应生成 e_{aq}^- 和瞬态吸收在 580 nm 附近的瞬态产物；ROAT 能够与 e_{aq}^- 发生反应生成 ROAT$^{\bullet-}$，ROAT$^{\bullet-}$ 经快速脱乙酸根阴离子的过程生成特征吸收在 400 nm 的瞬态产物。

（2）根据 e_{aq}^- 的产额与 I_L 的线性关系，本章确定了 ROAT 在微乳液中的光电类型为单光子过程，但是 580 nm 处瞬态产物的产额与 I_L 不成线性关系，由此断定 580 nm 处瞬态产物可能是 ROAT$^{\bullet+}$ 与 RCH$_2^+$ 的组合（ROAT$^+$）。ROAT$^+$ 能够与水溶性的自由基清除剂 NaN$_3$ 发生反应，生成瞬态吸收在 380 nm 处的产物。

（3）本章研究发现，在微乳体系中 ROAT$^+$ 能够与 DMA 和 DPA 发生电子转移反应，同时本章也研究了乙腈体系中 RCH$_2^+$ 与 DMA 和 DPA 之间的电子转移反应，通过分析异相和均相两种反应体系中的瞬态产物和参照有关文献得出 ROAT$^+$ 包含 RCH$_2^+$ 的贡献。

（4）在微乳体系中，β-car 能够加快 ROAT$^+$ 在 580 nm 处的动力学衰减，说明 β-car 和 ROAT$^+$ 之间发生了反应，双分子反应速率常数经计算为 $(4.2\pm0.6)\times10^8$ M^{-1}s^{-1}，由此断定 ROAT$^+$ 包含 ROAT$^{\bullet+}$ 的贡献。

（5）ROAT$^+$ 能够与溶菌酶，Trp，Cys 和亚油酸发生反应，这些结果表明，ROAT$^+$ 对蛋白质和不饱和脂肪酸具有潜在的损伤作用，同时也预示着 ROAT 光毒性的潜在光反应途径。

（6）本章研究了 ROAT$^+$ 与不同种类的抗氧化剂之间的反应，并求算了它们之间的反应速率常数，通过比较反应速率常数发现，除 GSH 和 β-car 之外，ROAT$^+$ 对所选抗氧化剂反应活性的趋势与 ATRA$^{\bullet+}$ 和 ROH$^{\bullet+}$ 大体一致，即：醇溶性抗氧化剂清除 ROAT$^+$ 的能力最强，水溶性的次之，脂溶性的最差。

第6章

全反式视黄醛微乳体系的激光闪光光解的研究

6.1 概　　述

　　视黄醛在视觉活动中扮演着必不可少的角色。体内视黄醛主要来源于维生素 A 的代谢,即全反式视黄醇在视黄醇脱氢酶的作用下被可逆地氧化为全反式视黄醛(All-trans Retinene,ATRN)[22,23],ATRN 经过一系列复杂过程转变为 11 -顺式视黄醛,11 -顺式视黄醛与视蛋白通过疏水相互作用形成视紫红质,视紫红质是视杆细胞中的视觉色素,在光的诱导下,11 -顺式视黄醛异构化生成 ATRN,引起视紫红质构象发生改变,从而激活视紫红质,启动视觉过程。激活的视紫红质最后分解为 ATRN 和视蛋白[43,44]。

　　在研究视黄醛参与视觉活动的机理时,人们发现视黄醛及其复合物是一类潜在的内源性光敏剂。光对眼睛的损伤是多方面的,它主要取决于眼睛中所含的各种生色基团的光反应活性,这些内源性生色基团包括类视黄醇,视紫红质,脂褐素[142]。人的眼睛经常暴露在各种光线环境中,而 ATRN 是视网膜中最丰富的光敏剂,因此 ATRN 具有诱导眼睛光损伤的最大潜力。在非极性的均相体系中,ATRN 经过系间窜越生成 ATRN 激发三重态(^{3}ATRN*)的量子产额非常的高(0.4~0.82)[160]。^{3}ATRN*一方面能够有效地诱导产生活性氧(ROS),另一方面,^{3}ATRN*具有氧化活性,在乙腈体系中,它可以通过抽氢或者电子转移反应氧化四甲基对苯二胺、对苯二酚、甲基对苯二酚,2,3-二甲基对苯二酚和三甲基对苯二酚[77,161]。由此可以看出 ATRN 经光激发生成^{3}ATRN*后,可以通过两种途径对生物体造成潜在的损伤。

ATRN 在非极性的均相体系中能够经量子产额较高的系间窜越生成^{3}ATRN*,然而,ATRN 在细胞中的分布状态一般是一种异相分布,与均相体系相差较大,ATRN 在均相体系中所发生的瞬态光化学和光生物学反应能否代表其在生物体中的真实情况还有待进一步的研究。为此,本章在水包油的微乳体系中使用 355 nm 激光闪光光解研究 ATRN 的瞬态光化学和光生物学,表征了 ATRN 在微乳中的光反应类型,同时考察了光反应产物的反应活性。

6.2 实验仪器、试剂和样品制备

6.2.1 实验仪器

纳秒级激光闪光光解装置(同济大学生命科学与技术学院研制);
激光能量计 EPM1 000(美国 COHERENT);
可控流量通气仪(同济大学生命科学与技术学院研制);
紫外-可见分光光度仪 CARY 50 Probe(美国 VARIAN);
DELTA-320 型 pH 计(梅特勒-托利仪器有限公司);
电子分析天平 AL 204(瑞士 METTLER TOLEDO);
超纯水器 Milli-Q(美国 MILLIPORE)。

6.2.2 试剂

全反式视黄醛(ATRN),Sigma,≥98%;
叠氮钠(NaN$_3$),Sigma-Aldrich,≥99.5%;

叔丁醇，Sigma‐Aldrich，≥99.5%；

二苯胺（DPA），国药化学试剂有限公司，CP；

没食子酸（GA），国药化学试剂有限公司，AR；

环己烷，国药化学试剂有限公司，AR；

正丁醇，国药化学试剂有限公司，AR；

$NaH_2PO_4 \cdot 2H_2O$，国药化学试剂有限公司，AR；

$Na_2HPO_4 \cdot 12H_2O$，国药化学试剂有限公司，AR；

$Na_3PO_4 \cdot 12H_2O$，国药化学试剂有限公司，AR；

浓磷酸，国药化学试剂有限公司，CP；

酪氨酸（Tyr），国药化学试剂有限公司，AR；

抗坏血酸（VC），国药化学试剂有限公司，＞99.7%；

色氨酸（Trp），上海生工生物工程有限公司，＞98.5%；

还原性谷胱甘肽（GSH），上海生工生物工程有限公司，＞98%；

十二烷基硫酸钠（SDS），上海生工生物工程有限公司，＞99%；

维生素 E，上海生工生物工程有限公司，＞99%；

L‐半胱氨酸盐酸盐‐水（Cys · HCl），上海生工生物工程有限公司，
＞98%；

溶菌酶（Lyso），上海生工生物工程有限公司，BC；

亚油酸，阿拉丁，≥99%；

没食子酸丙酯（PGA），阿拉丁，98%；

叔丁基对苯二酚（TBHQ），阿拉丁，98%；

2,6‐二叔丁基对甲酚（BHT），阿拉丁，＞99%（GC）；

高纯氧，高纯氮，高纯氧化亚氮，上海浦江特气有限公司，含量 99.999%。

6.2.3 样品的制备

本章 ATRN 微乳体系的制备方法同第 3 章 ATRA 微乳液的制备方法。

6.3 结 果 与 讨 论

6.3.1 RAL 微乳的紫外吸收

图 6-1 是 ATRN 在中性微乳体系中的紫外可见吸收谱,可以看出 ATRN 在 355 nm 处具有吸收,因此可用 355 nm 激光闪光光解进行研究。水相中 pH 值的变化不影响 ATRN 在微乳中的紫外可见吸收。

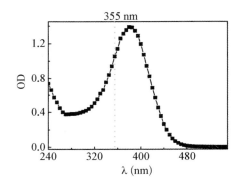

图 6-1　ATRN(0.025 mM)在 pH=7.4 的微乳体系中的紫外可见吸收

6.3.2 RAL 在微乳中光激发反应的研究

在 pH=7.4 和 N_2 饱和的条件下,355 nm 激光闪光光解 ATRN 微乳体系所得到的在不同时刻的瞬态吸收谱图显示,在 470 nm 处呈现一个强而宽的瞬态吸收峰,同时在 ATRN 的基态吸收波段范围内出现了较强的光漂白现象,随着 470 nm 的瞬态吸收峰的衰减,光漂白逐渐消失,且在 390 nm 附近出现一个新的吸收峰(图 6-2)。光漂白现象的出现表明在 355 nm 激光脉冲的激发下,ATRN 被消耗发生了光反应[124]。

由图 6-2 中的瞬态图谱可以看出,在大于 600 nm 波段范围内几乎没

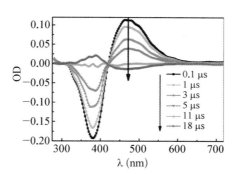

图 6 - 2　在 pH＝7.4 和 N$_2$ 饱和的条件下,355 nm 激光闪光光解 ATRN (0.05 mM)微乳体系后所得的分别在 0.1 μs,1 μs,3 μs,5 μs, 11 μs 和 18 μs 时刻的瞬态吸收谱图

有瞬态吸收出现,说明光反应过程没有产生水合电子。许多人利用激光闪光光解和脉冲辐解技术对 ATRN 的激发三重态(^{3}ATRN*)进行了大量研究。^{3}ATRN* 最大吸收波长随着溶剂的变化在 445 nm 和 480 nm 之间波动[73-77]。因此,在这里的 470 nm 处的瞬态物质有可能是 ^{3}ATRN*。为了验证 ATRN 是否发生了光激发,本章将相同的样品使用 O$_2$ 饱和,之后进行 355 nm 激光闪光光解,将所得的 0.5 μs 时刻的瞬态吸收谱图与 N$_2$ 条件下的相比发现(图 6 - 3),O$_2$ 能够使 470 nm 瞬态吸收消失,O$_2$ 是激发三重态的有效猝灭剂,因此可以判断 470 nm 应该归属为 ^{3}ATRN*,^{3}ATRN* (E$_T$＝159 kJ/mol[75])能够与 O$_2$ 发生能量转移反应生成单线态氧(^{1}O$_2$)(6-1～6-2)。从 O$_2$ 饱和条件下的瞬态吸收谱图中可以看出,O$_2$ 能够使 ATRN 发生光反应所造成的光漂白现象几乎全部消失,这说明在 355 nm 激光激发下,微乳中 ATRN 主要发生了光激发反应生成了激发三重态。

$$ATRN \xrightarrow{\text{355 nm hv}} {}^3ATRN^* \qquad (6-1)$$

$$^3ATRN^* + O_2 \longrightarrow {}^3ATRN^* + {}^1O_2 \qquad (6-2)$$

N$_2$ 饱和条件下的动力学衰减曲线表明(图 6 - 4),当 380 nm 处光漂白回到 0 点之后,依然会出现一个生成过程,如果 ^{3}ATRN* 的猝灭是经过物

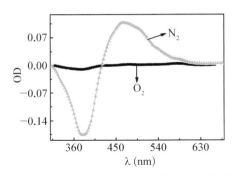

图 6-3 在 pH＝7.4 的条件下,355 nm 激光闪光光解分别经 N_2 和 O_2 饱和的 ATRN(0.05 mM)微乳体系后所得的在 0.5 μs 的瞬态吸收谱图

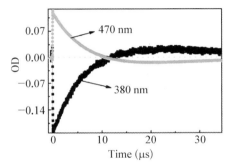

图 6-4 在 pH＝7.4 和 N_2 饱和的条件下,355 nm 激光闪光光解 ATRN(0.05 mM)微乳体系后所得到的在 380 nm 和 470 nm 处的动力学衰减曲线

理猝灭生成 ATRN 的过程,那么,当 ^{3}ATRN* 的衰减完成,380 nm 处的 OD 值应回到 0 点,不应该继续增加,而实际上,随着 ^{3}ATRN* 在 470 nm 处的继续衰减,380 nm 处的 OD 值一直增加,直到 470 nm 处的动力学衰减完成,它们的这种同步性说明 ^{3}ATRN* 的衰减会生成在 380 nm 附近具有吸收的瞬态物质。这一点可以在 O_2 饱和的条件下得到进一步证实(图 6-5),由于 O_2 是激发三重态有效的猝灭剂,所以在 O_2 饱和条件下,^{3}ATRN* 几乎全部被 O_2 快速猝灭,470 nm 处甚至观察不到 ^{3}ATRN* 的衰减过程,而与此同时,380 nm 处的光漂白现象也消失,且不存在继续生成的过程,这说明在 N_2 条件下,^{3}ATRN* 发生了某一化学反应生成了在 380 nm 处具有吸收的

瞬态物质。考虑到 ^{3}ATRN* 具有一定的氧化性[77],且本文使用的微乳体系所含正丁醇具有一定还原性,因此推测,^{3}ATRN* 与正丁醇之间可能发生了抽氢或者电子转移反应,生成了 ATRN 阴离子自由基(ATRN$^{•-}$)或者中性自由基。使用脉冲辐解技术所得到的 ATRN$^{•-}$ 在甲醇体系中的最大瞬态吸收在 445 nm 附近,ATRN$^{•-}$ 被质子化之后生成中性自由基($\lambda_{max}=$ 395 nm)[78,162],因此可以断定在微乳体系中 380 nm 处的瞬态物质应该是 ^{3}ATRN* 与正丁醇之间发生抽氢反应所生成的 ATRN 中性自由基。

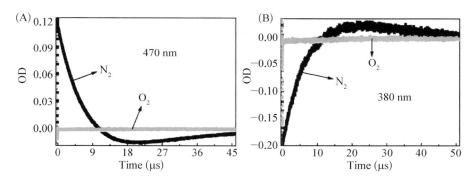

图 6 - 5　在 pH=7.4 的条件下,355 nm 激光闪光光解分别经 N$_2$ 和 O$_2$ 饱和的 ATRN(0.05 mM)微乳体系后所得的在 470 nm 处(A)和 380 nm 处(B)的动力学衰减曲线

6.3.3　pH 值对微乳中 ^{3}ATRN* 的生成和衰减的影响

相比于非极性溶剂,ATRN 在极性溶剂中(甲醇)的系间窜越量子产额较低,原因是由于溶剂与 ATRN 之间的氢键作用影响了 ATRN 的低能级 ^{1}(n, π^*)分子轨道的能级位置[163]。那么在水包油的微乳体系中,如果 ATRN 与水相互作用,它们之间形成氢键的强度比甲醇强。为此我们改变水相中 pH 值,考察水相中的 H$^+$ 或者 OH$^-$ 是否通过与 ATRN 的相互作用来影响 ^{3}ATRN* 的生成和衰减。

在 N$_2$ 饱和的条件下,分别在 pH 为 2.0,7.4 和 12.1 的条件下,355 nm

激光闪光光解 ATRN(0.05 mM)微乳体系所得到的在 470 nm 处的动力学衰减曲线显示,水相中 pH 的变化对 470 nm 处的动力学衰减曲线的最大光学强度和衰减速率几乎没有影响(图 6 - 6),这说明 ^{3}ATRN* 的生成和衰减几乎不受水相中 H$^+$ 或者 OH$^-$ 的影响。

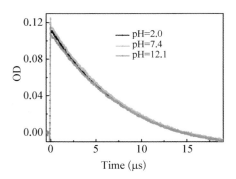

图 6 - 6   在 N$_2$ 饱和的条件下,355 nm 激光闪光光解三种 pH 值条件下(pH＝2.0, 7.4 和 12.1)的 ATRN(0.05 mM)微乳体系后所得到的在 470 nm 处的动力学衰减曲线

6.3.4   pH 值对微乳中 ATRN 中性自由基的影响

在上面提到,ATRN 与溶剂化电子反应生成的 ATRN$^{\bullet-}$($\lambda_{max} \approx$ 445 nm)经质子化后生成 ATRN 中性自由基($\lambda_{max} \approx$395 nm)[78,162]。如果 ^{3}ATRN* 与正丁醇反应生成的 ARTN 中性自由基能够受 pH 的影响,那么改变微乳液的 pH 值,ARTN 中性自由基在 380 nm 处的瞬态吸收应该发生较大程度上的红移(40~60 nm)。为了验证这一推测,本章分别在酸性、中性和碱性环境下考察了 ARTN 中性自由基的瞬态吸收。

上面的结果表明,pH 值的变化不影响 ^{3}ATRN* 的生成和衰减,因此 pH 的改变不会影响 ^{3}ATRN* 的产额和反应活性。由图 6 - 4 可以看出,在 20 μs 以后,^{3}ATRN* 的衰减基本结束,且此时 380 nm 处光学强度已达到最大值,于是本章选取 23 μs 时刻的瞬态吸收谱图进行比较。N$_2$ 饱和的条

件下,分别在 pH 为 2.0,7.4 和 12.1 的条件下,355 nm 激光闪光光解
ATRN(0.05 mM)微乳体系所得到的在 23 μs 的瞬态吸收谱图显示,pH 的
差异几乎不影响 ARTN 中性自由基瞬态吸收的位置(图 6-7),因此推断,
水相中的 H$^+$ 和 OH$^-$ 没有与 ARTN 中性自由基发生反应。

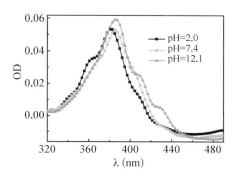

图 6-7　在 N$_2$ 饱和的条件下,355 nm 激光闪光光解三种 pH 值条件下(pH=
　　　　2.0,7.4 和 12.1)的 ATRN(0.05 mM)微乳体系后所得的在 23 μs 时
　　　　刻的瞬态吸收谱图

通过研究 pH 值对 ^{3}ATRN* 的生成和衰减及其 ARTN 中性自由基瞬
态吸收的影响表明,ATRN 和其光反应产物与水相中的 H$^+$ 或者 OH$^-$ 之
间应该存在某种空间障碍,从而阻止它们之间发生反应。ATRN 的极性
基团是醛基,它比 ATRA 的极性基团羧基的极性小,且与羧基和羟基相
比,醛基形成氢键的能力最差,因此在微乳中 ATRN 很难通过氢键被锚
定在油水界面位置,相对而言,ATRN 在微乳中的分布可能更倾向于疏
水部位,因而,ATRN 本身及其光反应的产物可能不受水相中各种因素
的影响。

6.3.5　微乳中 ^{3}ATRN* 与二苯胺之间的反应

^{3}ATRN* 具有一定的氧化性,在乙腈溶液中,它能够通过电子转移或
者抽氢反应氧化有机胺和酚氧类物质[77]。而本文中也发现,在微乳中,
^{3}ATRN* 的衰减也伴随着其还原产物的生成,推测 ^{3}ATRN* 氧化了微乳中

的正丁醇。为了进一步探讨 $^3ATRN^*$ 在微乳中的反应活性,本章考察了 $^3ATRN^*$ 对亲核试剂和抗氧化剂的反应活性。

本章首先研究了 $^3ATRN^*$ 与二苯胺(DPA)之间的反应。DPA 阳离子自由基(DPA$^{•+}$)的 $pK_a=4.2$,其脱质子形式的中性自由基(DPA$^•$)在 700 nm 的吸收峰较宽且弱,不易进行定性判断,而 DPA$^{•+}$ 在 680 nm 的吸收峰比较尖锐[126],容易进行定性分析,且酸性条件不影响 $^3ATRN^*$ 的生成和衰减。所以此处采用酸性 pH 环境进行定性研究。在 pH=2.0 和 N_2 饱和的条件下,355 nm 激光闪光光解 ATRN(0.05 mM)和 DPA(6 mM)微乳体系所得到的在不同时刻的瞬态吸收谱图表明,随着 $^3ATRN^*$ 在 470 nm 处的瞬态吸收的衰减,在 380 nm 和 680 nm 处分别出现两个瞬态吸收峰(图 6-8)。根据 ARTN 中性自由基的特征吸收峰位置可以判断 380 nm 处的瞬态吸收应归属于 ARTN 中性自由基。由动力学衰减曲线可以看出 470 nm 处的动力学衰减过程与 680 nm 处的动力学生成过程是同步的(图 6-9),因此判断 680 nm 处的瞬态吸收应该是 DPA 被 $^3ATRN^*$ 单电子氧化之后的产物 DPA$^{•+}$(6-3)。

$$^3ATRN^* + DPA \xrightarrow{+H^+} ATRN^• + DPA^{•+} \qquad (6-3)$$

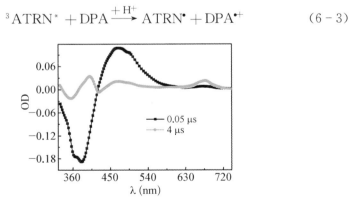

图 6-8　在 pH=2.0 和 N_2 饱和的条件下,355 nm 激光闪光光解 ATRN(0.05 mM)和 DPA(6 mM)的微乳体系所得到的在 0.05 μs(-■-)和 4 μs(-●-)时刻的瞬态吸收谱图

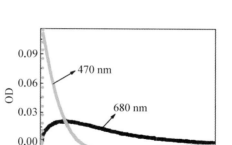

图 6‑9　在 pH＝2.0 和 N₂ 饱和的条件下,355 nm 激光闪光光解 ATRN
(0.05 mM)和 DPA(6 mM)的微乳体系所得到的分别在 470 nm
和 680 nm 处的动力学衰减曲线

在 pH＝7.4 和 N₂ 饱和的条件下,355 nm 激光闪光光解含有 ATRN
和 DPA 的微乳体系所得到的动力学衰减曲线表明,随着 DPA 浓度的增
加,³ATRN* 在 470 nm 处的动力学衰减逐渐增加(图 6 ‑ 10A),同样,将
DPA 浓度值与对应 DPA 浓度下 ³ATRN* 在 470 nm 处的 k_{obs} 按照公式
(2‑13)进行线性拟合(图 6 ‑ 10B),由斜率值可求算出 ³ATRN* 与 DPA 的
反应速率常数(表 6 ‑ 1)。

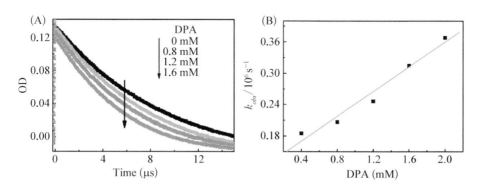

图 6‑10　(A) 在 pH＝7.4 和 N₂ 饱和的条件下,355 nm 激光闪光光解 ATRN
(0.05 mM)和不同浓度 DPA 的微乳体系后所得到的在 470 nm 处的
动力学衰减曲线。(B) ³ATRN* 在 470 nm 的 k_{obs} 与相应 DPA 浓度值
之间的线性拟合

6.3.6　微乳中^{3}ATRN*与其他所选物质的反应活性

随后本章考察了^{3}ATRN*与其他物质的反应活性,结果发现,在 pH＝7.4 的微乳环境中,除了 PGA 之外,^{3}ATRN*几乎不与所选物质发生反应(表 6 - 1)。Harper 和 Gaillard 研究了^{3}ATRN*与酚氧类化合物的反应,发现它们之间的反应速率常数远小于扩散控制的速率常数($<10^6$ M^{-1}s^{-1})[77]。其实反应速率常数小于 10^6 M^{-1}s^{-1} 的双分子反应在我们的仪器中很难被计算出来,所以在仪器的测量范围内,^{3}ATRN*几乎不与所选物质发生反应,即使发生反应,速率常数也非常小,因此推断,在自然环境下,ATRN 经光激发反应生成^{3}ATRN*,然后^{3}ATRN*与 O$_2$反应生成 ROS,进而引起光毒性。

表 6 - 1　在 pH＝7.4 条件下,^{3}ATRN*与所选物质的
反应速率常数(单位: M^{-1}s^{-1})

	与^{3}ATRN*反应速率常数
DPA	1.2×10^8
NaN$_3$	—
Lyso	—
Tyr	—
Trp	—
Cys	—
VC	—
GA	—
GSH	—
PGA	7.9×10^6
TBHQ	—
VE	—
亚油酸	—

6.4　本　章　小　结

（1）在 pH＝7.4 和 N_2 饱和的微乳体系中，355 nm 激光闪光光解 ATRN 主要发生光激发反应生成 $^3ATRN^*$；$^3ATRN^*$ 的特征吸收峰在 470 nm 处，在微乳中 $^3ATRN^*$ 的衰减生成 ATRN 中性自由基。

（2）水相中 pH 的变化不影响 $^3ATRN^*$ 的生成和衰减，也不影响 ATRN 中性自由基的瞬态吸收峰位置。

（3）在酸性条件下，$^3ATRN^*$ 能够与 DPA 发生电子转移反应，生成 DPA 阳离子自由基和 ATRN 中性自由基。

（4）在 pH＝7.4 和 N_2 饱和的微乳体系中，除 PGA 之外，$^3ATRN^*$ 的动力学衰减几乎不受氨基酸，溶菌酶，亚油酸以及本文所选的各种抗氧化剂的影响。推测 $^3ATRN^*$ 在异相体系中的反应活性并不强，ATRN 的潜在光毒性可能是通过诱导活性氧产生的途径进行的。

第 **7** 章

硫化氢与类视黄醇光电离产物以及氨基酸自由基之间的反应

7.1 概　　述

硫化氢是一种具有恶臭的无色气体,它一直被认为是有毒气体。然而,最近的一些研究结果表明,硫化氢可能是继一氧化氮,一氧化碳之后第三个内源性气体信号分子[164]。硫化氢在生理浓度范围内能够缓解心脏缺血再灌注对心肌细胞的损伤[165-168],降低自发性高血压大鼠体内活性氧(ROS)的产量[169]。Geng 等人认为在心脏缺血再灌注过程中,硫化氢对心肌细胞的保护作用机理可能源于其能够清除发病过程中所产生的 ROS 或者脂质过氧化物[168]。虽然许多研究认为硫化氢的生理作用与它的还原性有关,但是没有直接的证据支持这一推论。鉴于许多心血管疾病的病理与氧化压力有关[170,171],因此很有必要考察硫化氢的抗氧化能力,表征它对瞬态活性物质的清除能力,这将有利于阐释硫化氢生理作用的机理。

硫化氢具有三种形式(H_2S,HS^- 和 S^{2-}),但是目前还没有确定是哪一种形式的硫化氢在发挥作用,在毒性实验和生物医学实验中,"硫化氢"一直作为一个模糊概念被延续使用[172]。硫化氢在水溶液中的存在形式是由 pH 值调控的，在生理 pH 值下，硫化氢主要以 H_2S 和 HS^- 的形式存在，所以在研究硫化氢的生理作用时，硫化氢的概念一般是指 H_2S 和 HS^-。本章使用激光闪光光解技术首先在微乳体系中考察了硫化氢对三种类视黄醇光电离反应产物（$ATRA^{\bullet+}$，$ROH^{\bullet+}$ 和 $ROAT^+$）的反应活性，随后在均相体系中考察了硫化氢对酪氨酸和色氨酸自由基的反应活性，然后本章使用含有酪氨酸和色氨酸残基的溶菌酶作为模拟蛋白质，设计了核黄素诱导蛋白质光损伤的模型，用于从宏观层面上考察硫化氢对蛋白质光损伤的保护作用。本章从瞬态动力学的角度考察了硫化氢对活性中间产物的反应活性，为阐释硫化氢的生理作用机制提供了瞬态动力学方面的理论支持。

7.2　实验材料与方法

7.2.1　实验仪器

纳秒级激光闪光光解装置（同济大学生命科学与技术学院研制）；
激光能量计 EPM 1000（美国 COHERENT）；
可控流量通气仪（同济大学生命科学与技术学院研制）；
紫外-可见分光光度仪 CARY 50 Probe（美国 VARIAN）；
DELTA‐320 型 pH 计（梅特勒-托利仪器有限公司）；
电子分析天平 AL 204（瑞士 METTLER TOLEDO）；
超纯水器 Milli‐Q（美国 MILLIPORE）；
稳态辐照装置（同济大学生命科学与技术学院研制）；
SDS‐PAGE 垂直电泳仪 VE‐180（上海天能科技有限公司）；
天能凝胶成像系统 2500 R（上海天能科技有限公司）。

7.2.2 试剂

全反式视黄酸(ATRA),Sigma,≥98%;

全反式视黄醇(ROH),Sigma,≥95%;

视黄醇乙酸酯(ROAT),阿拉丁,≥98%;

叔丁醇,Sigma - Aldrich,≥99.5%;

环己烷,国药化学试剂有限公司,AR;

正丁醇,国药化学试剂有限公司,AR;

$NaH_2PO_4 \cdot 2H_2O$,国药化学试剂有限公司,AR;

$Na_2HPO_4 \cdot 12H_2O$,国药化学试剂有限公司,AR;

$Na_3PO_4 \cdot 12H_2O$,国药化学试剂有限公司,AR;

浓磷酸,国药化学试剂有限公司,AR;

酪氨酸(Tyr),国药化学试剂有限公司,AR;

色氨酸(Trp),上海生工生物工程有限公司,>98.5%;

十二烷基硫酸钠(SDS),上海生工生物工程有限公司,>99%;

溶菌酶(Lyso),上海生工生物工程有限公司,BC;

高纯氧,高纯氮,高纯氧化亚氮,上海浦江特气有限公司,含量99.999%。

7.2.3 样品的制备

类视黄醇微乳体系的制备方法基本上类似于第3章ATRA微乳液的制备方法。唯一不同的是磷酸缓冲溶液的用量。由于硫化氢本身能够影响pH值,所以在配制特定pH值的微乳液时加大了磷酸盐的浓度,最终微乳液的磷酸盐浓度为0.08 M。

均相体系中,样品溶液的pH值也是通过加入不同pH值的磷酸盐缓冲液配制的,而缓冲溶液是由H_3PO_4,NaH_2PO_4,$NaHPO_4$和Na_3PO_4分别按照不同的比例配制的,最终样品的磷酸盐浓度为0.08 M。

7.2.4　硫化氢形式的控制

硫化氢存在三种形式,水溶液中三种形式的硫化氢存在着解离平衡(方程式 7-1~7-2)。在常温下,方程式 7-1 和 7-2 的解离常数分别为 $K_{a1}=10^{-6.9}$ 和 $K_{a2}=10^{-14[173]}$。溶液中硫化氢的三种形式所占的比例受 pH 值调控。根据一系列的公式推导,可以得出不同形式的硫化氢与溶液中氢离子浓度 $[H^+]$ 之间的关系(公式 7-3~7-5):

$$H_2S \rightleftharpoons HS^- + H^+ \tag{7-1}$$

$$HS^- \rightleftharpoons S^{2-} + H^+ \tag{7-2}$$

$$X_{H_2S} = \frac{[H^+]^2}{[H^+]^2 + Ka_1[H^+] + Ka_1 Ka_2} \tag{7-3}$$

$$X_{HS^-} = \frac{Ka_1[H^+]^2}{[H^+]^2 + Ka_1[H^+] + Ka_1 Ka_2} \tag{7-4}$$

$$X_{S^{2-}} = \frac{Ka_1 Ka_2}{[H^+]^2 + Ka_1[H^+] + Ka_1 Ka_2} \tag{7-5}$$

在公式 7-3~7-5 中,X 代表每种形式的硫化氢占三种形式硫化氢总量的比例。由于在实验条件下,K_{a1} 和 K_{a2} 是不变的,可以当作为常数。由此看出,每种形式的硫化氢所占的比例与溶液 pH 值有关,与所加入硫化氢的供体总量无关。所以本文使用硫化钠作为硫化氢供体,通过改变溶液 pH 来控制不同形式硫化氢的含量。在生理条件下,S^{2-} 的含量可以忽略不计,因此本文主要考察 H_2S 和 HS^-,并且使用 $H_{(2)}S$ 代表 H_2S 和 HS^- 的统称。激光闪光光解是在三种 pH 值条件下进行的:即 pH=6(H_2S 占 90%,HS^- 占 10%),pH=7.2(H_2S 占 33.3%,HS^- 占 66.7%)和 pH=8.5(H_2S 占 2.45%,HS^- 占 97%)。

7.2.5　稳态辐照和 SDS - PAGE 实验

稳态辐照装置如图 7-1。它是使用一个 500 W 的氙灯作为光源,通过两个凸透镜聚光至一个石英样品池,在透镜和样品池间是一个滤光片,允许透过的光源波段范围为 330～500 nm。辐照样品的总量为 200 μL,pH= 7.2,辐照时样品用封口膜密封,辐照时间为 40 min。样品辐照结束之后,加入样品缓冲液,100 ℃煮沸 5 min,上样量 15 μL。分离胶浓度为 15%,浓缩胶为 4.5%。经染色和脱色处理后的胶使用天能凝胶成像仪进行成像,条带灰度使用该系统内附带软件(Quantity one software)进行计算。

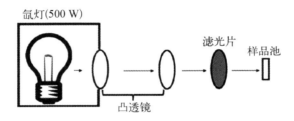

图 7-1　稳态辐照装置

7.3　结　果　与　讨　论

7.3.1　微乳体系中硫化氢与 ATRA$^{\bullet+}$ 的反应

在三种 pH 值(6.0,7.2 和 8.5)条件下,H$_{(2)}$S 的存在均能够加快 ATRA$^{\bullet+}$ 在 590 nm 处的动力学衰减。通过公式(2-13),本章计算出了 ATRA$^{\bullet+}$ 与 H$_{(2)}$S 之间在三种 pH 值条件下的反应速率常数(表 7-1)。从速率常数的角度看,ATRA$^{\bullet+}$ 对 HS$^-$ 的反应活性强于 H$_2$S。为了探讨 ATRA$^{\bullet+}$ 与 HS$^-$ 的反应机理,本章在 pH=8.5 和 O$_2$ 饱和的微乳体系中,记录了 355 nm 激光闪光光解 ATRA 和 Na$_2$S 的微乳体系所得到的在不同时刻的瞬态吸收谱图(图 7 - 2)。由图中可以看出,随着 ATRA$^{\bullet+}$ 在 590 nm 处瞬态吸收的衰减,除了在 400 nm 处出现一个较弱的吸收峰之外,在别的波段没有其他可以分析的信号。400 nm 处的动力学衰减曲线上出现了一个与 590 nm 动力学衰减几乎同步的生成过程,第 3 章的研究表明 ATRA$^{\bullet+}$ 能够与 N$_3^-$ 发生加成反应,生成瞬态吸收在 390 nm 处的加成产物,由于 HS$^-$ 也是小分子还原剂,因此 400 nm 处的瞬态物质很有可能是 ATRA$^{\bullet+}$ 与 HS$^-$ 之间的加成产物。

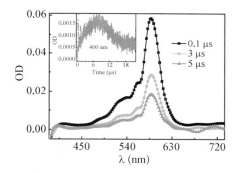

图 7 - 2　在 pH＝8.5 和 O$_2$ 饱和的条件下,355 nm 激光闪光光解 ATRA(0.075 mM)和 Na$_2$S(1 mM)的微乳体系后所得到的 0.1 μs(-■-),3 μs(-●-)和 5 μs(-▲-)时刻的瞬态吸收谱图。插图:在相同条件下得到的在 400 nm 的动力学衰减曲线

7.3.2　微乳体系中硫化氢与 ROH$^{\bullet+}$ 的反应

同样,在微乳体系中 H$_{(2)}$S 也能加快 ROH$^{\bullet+}$ 在 590 nm 处的动力学衰减。通过公式(2-13)本章计算出了 ROH$^{\bullet+}$ 与 H$_{(2)}$S 之间分别在 pH＝6.0 和 7.2 条件下的反应速率常数(表 7 - 1)。由于 ROH$^{\bullet+}$ 在碱性条件下不稳定,因此本章没有在碱性条件下考察 ROH$^{\bullet+}$ 与 H$_{(2)}$S 的反应。从速率常数的角度看,ROH$^{\bullet+}$ 对 HS$^-$ 的反应活性强于 H$_2$S。

在 pH＝7.2 和 O$_2$ 饱和的条件下,355 nm 激光闪光光解 ROH 和 Na$_2$S 的微乳体系所得到的不同时刻的瞬态吸收谱图表明,随着 ROH$^{\bullet+}$ 在 590 nm

处的瞬态吸收的衰减,在370 nm处出现一个生成吸收峰,370 nm处的动力学生成与590 nm处的动力学衰减几乎是同步的(图7-3),说明该处的瞬态产物应是$ROH^{•+}$衰减的直接产物。本文第4章的结果和已报道文献表明,$ROH^{•+}$能够与小分子阴离子亲核试剂(如N_3^-,Br^-)发生加成反应,加成产物的瞬态吸收一般在370 nm附近,因此推断$ROH^{•+}$与$H_{(2)}S$之间很可能也发生了加成反应。

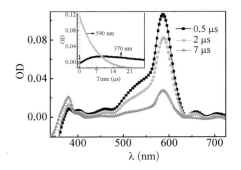

图7-3 在pH=7.2和O_2饱和的条件下,355 nm激光闪光光解ROH(0.05 mM)和Na_2S(1 mM)的微乳体系所得的在0.5 μs(-■-),2 μs(-●-)和7 μs(-▲-)时刻的瞬态吸收谱图。插图:在相同条件下得到的分别在370 nm和590 nm的动力学衰减曲线

7.3.3 微乳体系中硫化氢与$ROAT^+$的反应

在三种pH值(6.0,7.2和8.5)条件下,$H_{(2)}S$也能够加快$ROAT^+$在580 nm处的动力学衰减。通过公式(2-13)本章计算出了$ROAT^+$与$H_{(2)}S$在三种pH值条件下的反应速率常数(表7-1)。从速率常数的角度看,$ROAT^+$对HS^-的反应活性强于H_2S。在pH=7.2和O_2饱和的条件下,355 nm激光闪光光解ROAT和Na_2S的微乳体系所得到的不同时刻的瞬态吸收谱图表明,随着$ROAT^+$的衰减,在380 nm处出现一个生成吸收峰,370 nm处的生成过程与590 nm处的衰减过程几乎是同步的(图7-4),说明该处瞬态产物是$ROAT^+$与$H_{(2)}S$之间的反应产物。但是在第5章中讨

表 7 - 1　在不同 pH 值的微乳体系中，$H_{(2)}S$ 与类视黄醇光电离
瞬态产物的反应速率常数(单位：$M^{-1}s^{-1}$)

	与 $H_{(2)}S$ 反应速率常数($M^{-1}s^{-1}$)		
	pH＝6.0	pH＝7.2	pH＝8.5
ATRA$^{•+}$	$(3.1\pm0.3)\times10^7$	$(1.7\pm0.1)\times10^8$	$(2.3\pm0.2)\times10^8$
ROH$^{•+}$	$(2.4\pm0.2)\times10^7$	$(1.9\pm0.2)\times10^8$	—
ROAT$^+$	$(1.9\pm0.2)\times10^7$	$(1.2\pm0.3)\times10^8$	$(1.6\pm0.4)\times10^8$

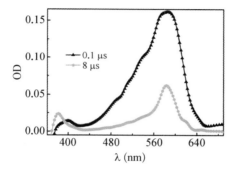

图 7 - 4　在 pH＝7.2 和 O_2 饱和的条件下，355 nm 激光闪光光解 ROAT(0.075 mM)和 Na_2S(1 mM)的微乳体系后所得的在 0.1 μs(-▲-)和 8 μs(-●-)时刻的瞬态吸收谱图

论过，由于 ROAT$^+$ 不是单一的瞬态物质，所以对反应机理的归属比较困难，因此本章也无法对 ROAT$^+$ 与 $H_{(2)}S$ 之间的反应机理进行归属。

　　由以上结果可以看出，$H_{(2)}S$ 与三种类视黄醇光电离瞬态产物之间都能发生反应，但是带负电荷的 HS$^-$ 对瞬态活性物质的反应活性要强于 H_2S，这说明在生理条件下，HS$^-$ 和 H_2S 并存，HS$^-$ 清除体内活性瞬态产物的能力比 H_2S 强，但是 H_2S 不带电荷，所以它能够自由穿梭于细胞膜的疏水和亲水区域，可以作用于疏水部位所产生的 ROS 和脂质过氧化物等[164]。

7.3.4　硫化氢与酪氨酸和色氨酸自由基之间的反应

　　为了研究 $H_{(2)}S$ 清除酪氨酸自由基(TyrO$^•$)和色氨酸自由基(TrpN$^•$)的

能力,本章在 O_2 饱和的条件下,使用 266 nm 激光闪光光解研究 $H_{(2)}S$ 与两种氨基酸自由基之间的反应。在 266 nm 激光脉冲激发下,两种氨基酸发生光电离反应生成相应的氨基酸自由基($TyrO^•$ 和 $TrpN^•$)和 $e_{aq}^{-[136,137,174]}$,O_2 的饱和能够保证得到纯净的氨基酸自由基的动力学衰减曲线。

$TyrO^{•+}$ 和 $TrpN^{•+}$ 的 pK_a 分别在为 4.3 和 2.0[175,176],因此在所考察的 pH 值范围内,它们是以 $TyrO^•$ 和 $TrpN^•$ 的形式存在。$TyrO^•$ 的特征吸收峰位置在 390 nm 和 410 nm[138,139],因此本章监测 410 nm 处的动力学衰减用于研究 $TyrO^•$ 与 $H_{(2)}S$ 之间的反应。在 pH=7.2 的条件下,266 nm 激光闪光光解 O_2 饱和的 Tyr 和 Na_2S 水溶液所得到的动力学衰减曲线表明(图 7-5),$H_{(2)}S$ 能够加快 $TyrO^•$ 在 410 nm 处的动力学衰减,这说明 $TyrO^•$ 与 $H_{(2)}S$ 之间发生了反应。按照公式(2-13),通过线性拟合在不同 Na_2S 浓度下 $TyrO^•$ 在 410 nm 处的 k_{obs} 与相应 Na_2S 浓度值,本章分别得到了在 pH=6.0,7.2 和 8.5 条件下 $TyrO^•$ 与 $H_{(2)}S$ 的反应速率常数(表 7-2)。

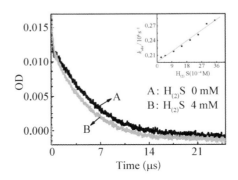

图 7-5 在 pH=7.2 和 O_2 饱和的条件下,266 nm 激光闪光光解 Tyr(0.25 mM)和不同浓度 Na_2S(0 mM 和 4 mM)的水溶液所得到的在 410 nm 处的动力学衰减曲线。插图:不同 Na_2S 浓度下 $TyrO^•$ 在 410 nm 处的 k_{obs} 与相应 Na_2S 浓度值之间的线性拟合曲线

265 nm 和 245 nm 激光闪光光解 Trp 水溶液均表明,Trp 不仅能够发生光电离反应生成 e_{aq}^- 和以 N 为中心的 Trp 中性自由基($TrpN^•$,$\lambda_{max}=510$ nm),而且 Trp 也能够发生光激发反应生成三重激发态[136,137]。O_2 能够

清除 e_{aq}^- 和猝灭激发三重态,进而得到 TrpN$^\bullet$ 的纯净吸收。分别在三种 pH 值条件下,266 nm 激光闪光光解 O$_2$ 饱和的 Trp 和 Na$_2$S 水溶液所得到的动力学衰减曲线表明,H$_{(2)}$S 也能够加快 TrpN$^\bullet$ 在 510 nm 处的动力学衰减(图 7 - 6),说明 H$_{(2)}$S 能够清除 TrpN$^\bullet$。按照公式(2 - 13),通过线性拟合在不同 Na$_2$S 浓度下 TrpN$^\bullet$ 在 510 nm 处的 k_{obs} 与相应 Na$_2$S 浓度值,本章分别得到了在 pH=6.0,7.2 和 8.5 条件下 TrpN$^\bullet$ 与 H$_{(2)}$S 的反应速率常数(表 7 - 2)。

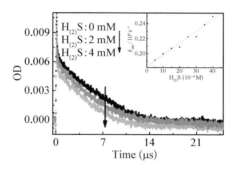

图 7 - 6　在 pH=7.2 和 O$_2$ 饱和的条件下,266 nm 激光闪光光解 Trp(0.5 mM)和不同浓度 Na$_2$S(0 mM,2 mM 和 4 mM)的水溶液所得到的在 510 nm 处的动力学衰减曲线。插图:不同 Na$_2$S 浓度下 TrpN$^\bullet$ 在 510 nm 处的 k_{obs} 与相应 Na$_2$S 浓度值之间的线性拟合曲线

ROS 是人体内普遍存在的活性物质,自由氨基酸或者蛋白质的氨基酸残基很容易受到人体内 ROS 的氧化损伤。其中酪氨酸和色氨酸以及它们的蛋白质残基是不同形式 ROS 进攻的主要目标[135]。一些抗氧化剂能够与 TyrO$^\bullet$ 和 TrpN$^\bullet$ 以及蛋白质残基中的 TyrO$^\bullet$ 和 TrpN$^\bullet$ 发生电子转移反应,从而清除产生的氨基酸和蛋白质自由基,修复氧化损伤[133,177-179]。H$_{(2)}$S 与 TyrO$^\bullet$ 和 TrpN$^\bullet$ 之间的反应表明,H$_{(2)}$S 也具备清除氨基酸自由基的能力。考虑到 H$_{(2)}$S 较强的还原能力,H$_{(2)}$S 很有可能也是通过电子转移的途径清除 TyrO$^\bullet$ 和 TrpN$^\bullet$。

7.3.5　硫化氢猝灭核黄素激发三重态的反应

核黄素(riboflavin,RF)又称维生素 B$_2$,是人体内重要的维生素,但是许多研究发现,RF 是广泛存在于有氧细胞中的一种重要的内源性光敏剂,核黄素激发三重态具有较强的氧化性,有着复杂的光化学和光生物学性质。无论在生物体内还是体表的组织器官里(如眼睛和皮肤),在 UVA 与可见光的激发下,RF 就能产生激发态,并与细胞内的 DNA、蛋白质或其他组分发生反应,导致细胞死亡或加速衰老[9,12-15]。

在 pH=7.2 和 N_2 饱和的条件下,355 nm 激光闪光光解 RF 水溶液能够引起 RF 发生光激发生成 RF 三重激发态($^3RF^*$)。$^3RF^*$ 分别在 300 nm,380 nm,520 nm 和 680 nm 处具有四个特征吸收峰[180]。$H_{(2)}S$ 能够显著加快 $^3RF^*$ 在 680 nm 处的动力学衰减(图 7-7)。在三种 pH 值条件下,按照公式(2-13),通过线性拟合在不同 Na_2S 浓度下 $^3RF^*$ 在 680 nm 处的 k_{obs} 与相应 Na_2S 浓度值,本章计算出了 $^3RF^*$ 与 $H_{(2)}S$ 的反应速率常数(表 7-2)。可以看出,无论 $H_{(2)}S$ 的哪种形式,均能够以扩散速率控制的反应速率猝灭 $^3RF^*$。

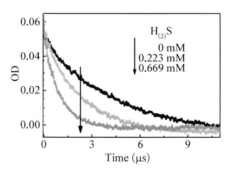

图 7-7 在 pH=7.2 和 N_2 饱和的条件下,355 nm 激光闪光光解 RF(0.1 mM)和不同浓度 Na_2S(0 mM,0.223 mM 和 0.669 mM)的水溶液所得到的在 680 nm 处的动力学衰减曲线

在 pH=7.2 和 N_2 饱和的条件下,355 nm 激光闪光光解 RF 和 Na_2S 的水溶液所得到的在 680 nm 处的动力学衰减表明(图 7-8A 插图),$^3RF^*$ 在 680 nm 处的衰减在 1.5 μs 以后就达到 0 点,这说明 1.5 μs 之后 $^3RF^*$ 已经衰减完全。相同条件下在 1.8 μs 时刻的瞬态吸收谱图表明,当 $^3RF^*$ 衰

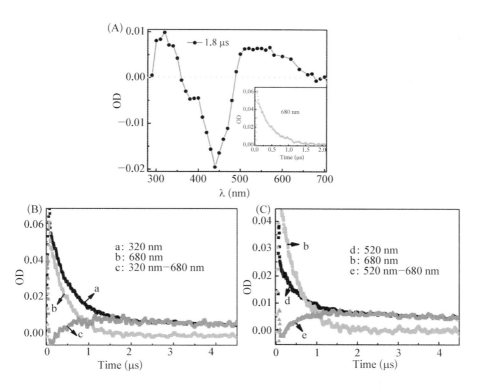

图 7-8　**(A)** 在 pH=7. 2 和 N₂ 饱和的条件下,355 nm 激光闪光光解 RF(0. 1 mM)和 Na₂S(1. 5 mM)的水溶液所得到的在 1. 8 μs(-●-)时刻的瞬态吸收谱图。插图:在相同条件下所得到的 ³RF* 在 680 nm 的动力学衰减曲线。**(B)** 在相同条件下所得到的在 320 nm 和 680 nm 处的动力学衰减曲线,以及从 320 nm 的动力学衰减中减去 680 nm 的动力学衰减后所得的 RFH• 在 320 nm 处的动力学生成过程。**(C)** 在相同条件下所得到的在 520 nm 和 680 nm 处的动力学衰减曲线,以及从 520 nm 的动力学衰减中减去 680 nm 的动力学衰减后所得的 RFH• 在 520 nm 处的动力学生成过程

减完全后,分别在 320 nm 和 530 nm 处出现两个寿命较长的瞬态吸收(图 7-8A),这两处的瞬态吸收非常符合已报道的使用激光闪光光解和脉冲辐解技术得到的 RF 中性自由基的瞬态吸收(RFH•,pKₐ=8. 3)[181,182]。因此断定在本章中,³RF* 与 H₍₂₎S 的反应生成了 RFH•,即 ³RF* 与 H₍₂₎S 之间发生了电子转移反应。由于 ³RF* 的吸收波段较宽且强度很强,很难观察到 RFH• 的生成过程。为此通过减谱方法,可得到 RFH• 在 320 nm 和 520 nm

处的生成过程(图 7-8B 和 C)。在生物体内,内源性硫化氢在 H_2O_2 和过氧化物酶的共同作用下一般被氧化为含硫自由基($HS^{\bullet}$ 或者 $S^{\bullet}$)[168,183],在这里,$H_{(2)}S$ 也很有可能被 $^3RF^*$ 氧化为 $HS^{\bullet}$ 或者 $S^{\bullet}$。

表 7-2　在不同 pH 值条件下,$H_{(2)}S$ 与 $TyrO^{\bullet}$,$TrpN^{\bullet}$ 和 $^3RF^*$ 的反应速率常数(单位:$M^{-1}s^{-1}$)

	与 $H_{(2)}S$ 反应速率常数($M^{-1}s^{-1}$)		
	pH=6.0	pH=7.2	pH=8.5
$TyrO^{\bullet}$	$(2.6\pm0.3)\times10^7$	$(2.4\pm0.1)\times10^7$	$(2.5\pm0.2)\times10^7$
$TrpN^{\bullet}$	$(1.6\pm0.2)\times10^7$	$(1.6\pm0.2)\times10^7$	$(1.0\pm0.1)\times10^7$
$^3RF^*$	$(6.3\pm0.3)\times10^8$	$(1.5\pm0.1)\times10^9$	$(1.7\pm0.1)\times10^9$

7.3.6　硫化氢对核黄素诱导的溶菌酶光损伤的保护作用

溶菌酶(Lyso)是一个含有 129 个氨基酸残基的蛋白酶,分子量为 14.6 KDa它包括 3 个酪氨酸残基和 6 个色氨酸残基,其中 4 个色氨酸残基暴露在溶剂中。Lyso 是研究蛋白质氧化损伤的一个非常好的模型,它在可见光范围内几乎没有吸收,结构与组成已经确定,且蛋白质结构稳定[184]。已有许多研究使用 Lyso 作为模型研究蛋白质的光损伤和氧化损伤[130-134,185,186]。其中一些研究表明,ROS 与 Lyso 的反应是通过与 Lyso 的 Tyr 和 Trp 残基作用进行的[130,131]。

关于 RF 诱导的 Lyso 光损伤,已报道的文献表明,在可见光和 RF 的作用下,Lyso 能够经过裂解和聚合过程,形成二聚和多聚产物,Lyso 光损伤的程度受光照强度和时间、RF 用量,体系 O_2 含量等因素的影响[187,188]。总之 RF 诱导的 Lyso 光损伤是一个研究比较成熟的模型。本文正是使用该模型从宏观层面考察 $H_{(2)}S$ 对 RF 诱导的 Lyso 光损伤的保护作用。从图 7-9 中可以看出,Lyso 和 $H_{(2)}S$ 在大于 330 nm 的波段没有吸收,因此在 Lyso,RF 和 $H_{(2)}S$ 构成的三元反应体系中,330~500 nm 范围内的光源能量主要被 RF 吸收。我们首先考察了在没有 $H_{(2)}S$ 保护的情况下，RF 诱导的 Lyso 光损伤的情况。如图 7－10A 所示的四条电泳条带可以看出，在光和 RF 存在条件下（泳道 4），可以清楚看到 Lyso 损伤后所生成的二聚体条带（26.0 KDa）和更高分子量的聚合条带，没有光照下，RF 与 Lyso 组（泳道 3）也会出现微弱的聚合现象，这可能是自然光造成的干扰，而没有 RF 的情况下（泳道 2），所使用光源对 Lyso 几乎不造成损伤。由此可见，Lyso 的光损伤是由 RF 介导产生的。

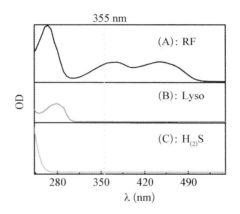

图 7－9　在 pH＝7.2 的水溶液中，RF（A），Lyso（B）和 $H_{(2)}S$（C）的紫外可见吸收谱图

接着，我们固定光照条件，Lyso（0.25 mM）和 RF（0.1 mM）的用量，在 pH＝7.2 的条件下，通过加入不同浓度的 Na_2S 来比较 $H_{(2)}S$ 对 RF 诱导的 Lyso 光损伤的影响。如图 7－10B 所示，无论是 Lyso 的二聚体条带还是更高聚合度的多聚体条带，其灰度均是随着 $H_{(2)}S$ 的增加而减弱。二聚体条带（26.0 KDa）的灰度值变化也能清楚地表明 RF 诱导的 Lyso 聚合程度随着 $H_{(2)}S$ 浓度的增加逐渐减弱（图 7－10C）。

瞬态动力学的结果表明，RF 吸收 UVA 和可见光主要发生光激发反应，生成 $^3RF^*$。$^3RF^*$ 是氧化能力很强的瞬态物质，它一方面能够通过电子转移的途径直接氧化 Trp 和 Tyr 生成 TyrO$^•$ 和 TrpN$^•$[189]。另一方面，在

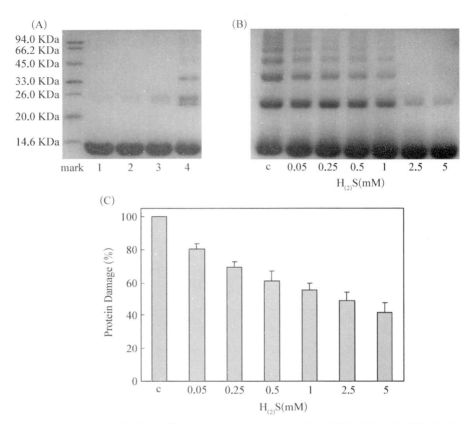

图7－10 (A) 不同条件处理的 Lyso 经 SDS－PAGE 实验后所得到的凝胶成像图：泳道 1：Lyso 对照组；泳道 2：Lyso＋辐照；泳道 3：Lyso ＋ RF (0.1 mM)；泳道 4：Lyso ＋ RF (0.1 mM) ＋ 辐照。(B) 在 Lyso(0.25 mM)和 RF(0.1 mM) 的 pH＝7.2 的体系中，分别加入不同浓度 Na$_2$S(0 mM，0.05 mM，0.25 mM，0.5 mM，1 mM，2.5 mM 和 5 mM)，经辐照所得到的样品进行 SDS－PAGE 实验后所得的凝胶成像图。(C) 图7－10B 中二聚体条带(26.0 KDa)的灰度值与对应 Na$_2$S 浓度的关系：以对照组灰度为 100%，其他组的值为相应条带灰度值与对照组的百分比(n＝3)

有氧条件下，^{3}RF* 能够与 O$_2$ 发生能量转移反应生成 ^{1}O$_2$，^{1}O$_2$ 也是氧化能力很强的物质，能够造成蛋白质的氧化损伤[180]。^{3}RF* 和 ^{1}O$_2$ 对 Trp 和蛋白质的 Trp 残基的反应活性比 Tyr 和蛋白质的 Tyr 残基更强[132]。一般当一个同时含有 Trp 和 Tyr 残基的蛋白质遭受氧化损伤时，Trp 残基首先被氧化为 TrpN[^•]，然后经过一个分子内的长距离电子转移过程，同一蛋白质分子上的 Tyr 残基与 TrpN[^•] 残基发生电子转移，生成 TyrO[^•] 残基[176]。TyrO[^•] 之间能够发生聚合反应，从而造成蛋白质之间的聚合现象[186]。所以，$^3RF^*$ 和 $^1O_2$ 是造成 Lyso 损伤聚合的源头。

$^3RF^*$ 与 Lyso 和 O_2 之间的反应速率常数分别为 9.1×10^8 $M^{-1}s^{-1}$ 和 4×10^8 $M^{-1}s^{-1}$[180,185]。而本文所计算的 $^3RF^*$ 与 $H_{(2)}S$ 的反应速率常数在中性条件下为 1.5×10^9 $M^{-1}s^{-1}$。当有 $H_{(2)}S$ 存在时，$H_{(2)}S$ 与 Lyso 和 O_2 竞争性地与 $^3RF^*$ 反应，从反应速率常数的比较可以看出，在这一竞争反应过程中，$H_{(2)}S$ 存在着一定的优势。因此，$H_{(2)}S$ 可以通过猝灭 $^3RF^*$ 来减少 $^3RF^*$ 对 Lyso 的直接氧化损伤和 $^1O_2$ 的产量，这应该是其保护 RF 诱导的 Lyso 光损伤的一条作用途径。此外，上面的实验也表明，$H_{(2)}S$ 具有清除 TyrO[^•] 和 TrpN[^•] 的能力，因此可以推测，$H_{(2)}S$ 对已经生成的 TyrO[^•] 和 TrpN[^•] 应该具有修复能力。另外，蛋白质分子内的 Tyr 残基与 TrpN[^•] 残基间电子转移反应的速率常数小于 10^5 $M^{-1}s^{-1}$[176]，远小于 TrpN[^•] 与 $H_{(2)}S$ 之间的反应速率常数，因此 $H_{(2)}S$ 也能够抑制这种蛋白质分子内的电子转移过程，减少引起蛋白质聚合的 TyrO[^•] 的生成。

7.4　本章小结

(1) $H_{(2)}S$ 能够加快 ATRA[^•+]，ROH[^•+] 和 ROAT[^+] 的衰减，说明 $H_{(2)}S$ 具有清除这三种瞬态活性物质的潜力，同时本章分别在三种 pH 值（6.0，7.2 和 8.5）条件下，计算出了 $H_{(2)}S$ 与 ATRA[^•+]，ROH[^•+] 和 ROAT[^+] 之间的反应速率常数，由反应速率常数可以看出，HS^- 对三种瞬态活性物质的反应活性要强于 H_2S。

（2）本章研究了 $H_{(2)}S$ 与氨基酸自由基（TyrO• 和 TrpN•）和 $^3RF^*$ 之间的反应，计算出了在三种 pH 值（6.0，7.2 和 8.5）条件下，$H_{(2)}S$ 与 TyrO•，TrpN• 和 $^3RF^*$ 之间的反应速率常数，由结果可以看出，$H_{(2)}S$ 不仅能够有效猝灭 $^3RF^*$，而且也具有修复 TyrO• 和 TrpN• 的潜力。

（3）本章使用稳态辐照技术和 SDS－PAGE 的方法从宏观层面证实了 $H_{(2)}S$ 具有保护 RF 诱导的 Lyso 光损伤的作用，根据瞬态动力学数据，本章提出了 $H_{(2)}S$ 对 RF 诱导的 Lyso 光损伤的保护机制。

总之，本章从瞬态动力学的角度表征了 $H_{(2)}S$ 对瞬态活性物质的反应活性。由不同 pH 值条件下所得到的反应速率常数可以看出，虽然 $H_{(2)}S$ 的两种形式 HS^- 和 H_2S 对瞬态活性物质的反应活性存在差异，但是在生理条件下，HS^- 和 H_2S 并存，由于 H_2S 不带电荷，因此 H_2S 能够穿过质膜，进入疏水环境，即是说，$H_{(2)}S$ 的优势在于其能够以这两种形式发挥抗氧化作用，同时作用于亲水和疏水环境中的氧化性因素。

第8章

基于介孔 SiO_2 纳米颗粒的 ATRA 新剂型的设计尝试

8.1 概　　述

　　纳米技术为常规的小分子化疗方法提供了一个有前景的全新替代手段,它不仅能够辅助药物通过人体的某些生理屏障,而且还能够提高药物稳定性,改善某些水不溶性药物的生物利用度,减少药物清除率,延长药物持续时间,智能调控药物释放,赋予药物靶向病变组织的能力,同时还可以将多种药物负载于同一载体,帮助克服癌细胞的耐药性等[190]。

　　介孔 SiO_2 纳米颗粒基于其独特的结构特征,在药物载体方面的应用越来越吸引人们的注意。一般来说,介孔 SiO_2 纳米颗粒(Mesoporous silica nanoparticles,MSNs)作为载药系统的优势可以概括如下[191,192]:① 可调控的颗粒大小;② 牢固且稳定的结构框架:相对其他纳米颗粒而言,MSNs 对热,pH,机械力,水解作用均具有一定的耐受能力;③ 规整且可调控的介孔孔径(2~50 nm);④ 较高的表面积和较大的空隙率;⑤ 易修饰的双功能表面:MSNs 具有内外两类表面,而且均可以通过一定手段进行差异性修饰,从而赋予材料不同的功能;⑥ 较好的生物相容性和安全性,细胞实验和动物实验表明,在一定的使用范围内,MSNs 材料的毒性可以忽略,且可以通过生理途径代谢降解[193-195]。

ATRA 既可以用于治疗多种皮肤类疾病,也可以治疗和预防癌症[22,23,42,55,56]。但是 ATRA 水溶性差,本身又不稳定,对光和热非常敏感,而且其副作用也很大,为了提高 ATRA 的稳定性和生物利用度,降低毒副作用,许多工作使用纳米材料作为 ATRA 的载体,如脂质体,非离子型囊泡,固体脂质纳米颗粒,胶束,微乳等[22]。但是这些载药体系本身在体外长期保存过程中或者在生理环境中的稳定性较差[196-200]。目前没有人使用 MSNs 作为此类药物的载体,鉴于 MSNs 的诸多优势,将功能性 MSNs 用于 ATRA 剂型改进将是非常有意义的尝试。

前面的实验表明,ATRA 的微乳液吸收 355 nm 激光脉冲后,主要发生双光子的光电离反应,其反应产物 ATRA$^{\bullet+}$ 对酪氨酸、色氨酸和溶菌酶具有一定的活性,这些结果表明,ATRA 的光电离反应可能是异相体系中 ATRA 的光降解和光毒性的反应途径。同时我们的结果也表明,脱质子形式的 ATRA 光电离效率较高,而在酸性条件下 ATRA$^{\bullet+}$ 的量子产额很低,这一结果提示,H$^+$ 能够通过与 ATRA 的羧基作用而抑制 ATRA 的光电离反应,为此,我们可以寻找能够与 ATRA 的羧基形成氢键作用的药物载体,旨在抑制 ATRA 的光电离反应,同时控制 ATRA 的释放。

在使用介孔 SiO$_2$ 纳米材料作为基因转染载体时,对纳米材料表面进行 PEI 修饰能够增加材料表面的正电荷,提高载体的转染效率,但是它也会给载体带来细胞毒性[201]。有些工作对介孔 SiO$_2$ 材料进行 PEI 修饰之后,继续进行 FA 修饰,FA 不仅降低了 PEI 所造成的毒性,而且还赋予载体叶酸受体靶向的功能[202,203]。受此启发,本章设计了基于 MSNs 的功能性纳米材料用作 ATRA 的载体(图 8 - 1),该纳米材料以 MSNs 为骨架体系,内部被氨基修饰,外部被 PEI - 1800 修饰,最后通过酰胺键将叶酸连接到材料表面的 PEI 上。该载体的设计目的一方面旨在通过 ATRA 的羧基与载体内外

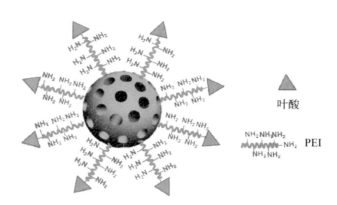

图 8-1　基于介孔 SiO₂ 纳米颗粒的 ATRA 载药体系设计示意图

表面的氨基形成氢键作用,抑制 ATRA 的光电离并控制药物释放,另一方面旨在通过 FA 的修饰,降低载体毒性,同时赋予载体 FA 受体靶向的功能。

8.2　实验材料和方法

8.2.1　实验试剂

全反式视黄酸(ATRA),Sigma,≥98%;

正硅酸乙酯(TEOS),阿拉丁,GR;

聚乙烯亚胺 M_w＝1 800(PEI),阿拉丁,99%;

异硫氰酸荧光素(FITC),阿拉丁,96%;

DMSO,阿拉丁,GC;

EDC・HCl,Shanghai Medpep Co.,Ltd,99%;

N-羟基琥珀酰亚胺(NHS),Shanghai Medpep Co.,Ltd,≥99%;

噻唑兰(MTT),生工生物工程股份有限公司,＞98%;

叶酸(FA),国药化学试剂有限公司,≥97.0%;

3-氨丙基三甲氧基硅烷(APTES),国药化学试剂有限公司,98%;

三乙醇胺,国药化学试剂有限公司,药检专用;

十六烷基三甲基溴化铵(CTAB),国药化学试剂有限公司,AR;

乙醇,国药化学试剂有限公司,AR;

盐酸,国药化学试剂有限公司,36%～38%;

三乙胺,国药化学试剂有限公司,AR;

丁二酸酐,国药化学试剂有限公司,CR;

H_3PO_4,国药化学试剂有限公司,AR;

$NaH_2PO_4 \cdot 2H_2O$,国药化学试剂有限公司,AR;

$Na_2HPO_4 \cdot 12H_2O$,国药化学试剂有限公司,AR;

$Na_3PO_4 \cdot 12H_2O$,国药化学试剂有限公司,AR;

NaOH,国药化学试剂有限公司,AR;

NH_4Cl,国药化学试剂有限公司,CR;

Trypsin - EDTA,浙江吉诺;

DMEM 高糖培养基,Hyclone;

青霉素-链霉素溶液(双抗),美国 Hyclone;

胎牛血清,美国 Hyclone;

磷酸盐缓冲液 PBS(pH=7.4),美国 Hyclone。

8.2.2 实验仪器

高速离心机 J26XP(美国 Beckman Coulter);

DELTA - 320 型 pH 计(梅特勒-托利仪器有限公司);

88 - 1 型恒温磁力搅拌器(上海志威电器有限公司);

AL - 204 型电子天平(梅特勒-托利仪器有限公司);

KH - 100 水热合成反应釜(上海西域);

CARY 50 紫外可见分光光度计(美国瓦里安公司);

DL - 360 D 智能超声波清洗器(上海之信仪器有限公司);

透射电镜 1230（日本株式会社 JEOL）；

TENSOR 27 傅里叶变换红外光谱仪（德国 BRUKER）；

纳米粒度及 Zeta 电位分析仪（英国 MALVERN, Zeta SIZER NANO ZS90 ＊）；

离心机（Eppendorf Centifuge 5417R）；

TDL 型 CO₂ 培养箱（美国 Thermo）；

SN－CT－1FD 超净台（苏州净化）；

Forma－86C 超低温冰箱（美国 Motic）；

TE2000－U 显微镜（日本尼康）；

Multiscan FC 357（Thermo Fisher Scientific）；

流式细胞仪（美国 BD 公司）。

8.2.3　介孔 SiO₂ 纳米材料的制备

（1）内外表面氨基修饰的 MSNs：将 2 mL TEOS, 0.05 mL APTES 和 14.3 g 三乙醇胺在聚四氟乙烯反应釜内混合均匀，然后密封静置于 90℃烘箱 20 min，随后，将 60℃预热的质量分数为 3% 的 CTAB 水溶液在搅拌的条件下加入上面的聚四氟乙烯反应釜内，室温密封搅拌 12 h。反应结束后，分别使用 100 mL 乙醇洗涤 2 次，然后加入 2 g 氯化铵和 100 mL 乙醇，回流 1 h，待冷却，离心，沉淀加入体积分数 3% 的 HCl 乙醇溶液超声混匀后，回流 1 h，待冷却后，分别使用乙醇洗涤 2 次，ddH₂O 洗涤 3 次，此时材料标记为 H₂N－MSNs－NH₂。

（2）PEI 修饰的 MSNs：将 2 mL TEOS, 0.05 mL APTES 和 14.3 g 三乙醇胺在聚四氟乙烯反应釜内混合均匀，然后密封静置于 90℃烘箱 20 min，随后，将 60℃预热的质量分数为 3% 的 CTAB 水溶液在搅拌的条件下加入上面的聚四氟乙烯反应釜内，室温密封搅拌 12 h。反应结束后，分别使用 100 mL 乙醇洗涤 2 次，沉淀分散于 15 mL 的 DMSO，加入 0.1 g

丁二酸酐和 138 μL 三乙胺,密封,于 40℃ 水浴搅拌 48 h,反应结束后离心,使用 100 mL 乙醇洗涤沉淀 2 次,然后加入 2 g 氯化铵和 100 mL 乙醇,超声分散后回流 1 h,冷却,离心,沉淀加入体积分数 3% 的 HCl 乙醇溶液,超声分散后回流 1 h,待冷却后,分别使用乙醇洗涤 2 次,ddH_2O 洗涤 3 次,此时得到的为羧基化的 H_2N - MSNs - NH_2。

将羧基化的 H_2N - MSNs - NH_2 分散于 50~80 mL 的 0.2 M 的 NaH_2PO_4,在搅拌的过程中,加入 EDC·HCl 0.176 8 g,1 min 后加入 NHS 0.424 g,调节 pH 值至 5 进行羧基活化 7~10 min,随后加入 0.663 8 g PEI 中性水溶液,调节 pH 为 7.2 附近,室温搅拌反应 12 h,使用 ddH_2O 洗涤 4 次,分散至水中待用。此时材料标记为 H_2N - MSNs - PEI。

(3) 叶酸修饰的 MSNs:0.203 g FA 分散于 15 mL 水中,在搅拌的过程中,加入 EDC·HCl 0.442 g,1 min 后加入 NHS 1.06 g,调节 pH 值至 5 进行羧基活化 7~10 min,随后,加入 H_2N - MSNs - PEI 的水相分散液,调节 pH 为 7.2 附近,室温搅拌反应 12 h,离心,沉淀使用 DMSO 洗涤数次,直至 20 000 rpm 离心后上清不出现 FA 的紫外吸收,再使用 ddH_2O 洗涤 4 次,然后超声分散于 ddH_2O 中待用。此时材料标记为 H_2N - MSNs -PEI - FA。

(备注:在合成过程中,离心条件为 20 000 rpm,20 min;沉淀洗涤步骤是将沉淀超声分散至溶剂,随后 20 000 rpm 离心 20 min,弃上清。)

8.2.4 介孔 SiO_2 纳米材料的表征

(1) 粒径- Zeta 电位:纳米材料的粒径和 Zeta 电位是使用纳米粒度和 ZETA 电位分析仪测定,测定时,将纳米材料超声分散于 pH=7.4 的 0.02 M 磷酸缓冲液中,随后进行粒径和 Zeta 电位的测量。

(2) 载体的紫外可见吸收:将少量载体分散于 DMSO 中,超声分散均匀,随后使用紫外分光光度计测量载体在 DMSO 中的紫外可见吸收。

(3) 透射电子显微镜(TEM)观察纳米颗粒:采用 JEOL 1230 透射电

子显微镜,加速电压 200 kV,取适量纳米材料,超声分散于水溶液,点样到制样铜网,观察纳米材料形貌。

8.2.5　MTT 实验

本章所选用的癌细胞系是 Hela 细胞,培养基为含有 10%胎牛血清和 1%双抗的 DMEM 培养基,将 Hela 细胞以 1.0×10^4 个/孔的细胞密度接种于 96 孔板,每孔体积为 0.1 mL,在 37℃、5% CO₂ 及饱和湿度条件下,培养 24 h 使细胞贴壁牢固,吸去原培养基,加入含有不同浓度待测物的培养基 0.1 mL(对照组加入不含待测物的培养基 0.1 mL),然后放入培养箱分别培养一定时间,在药物作用终点时,每孔分别加入 0.1 mL 的 1 mg/mL 的 MTT PBS 溶液,放入培养箱 4 h,吸去上清液,随后加入 150 μL 的 DMSO 溶液,避光震荡 20 min,使用酶标仪在 492 nm 读取吸光度值。按下式计算细胞存活率:

$$细胞存活率 = A_{492\,nm(样品)} / A_{492\,nm(对照)} \times 100\%$$

其中,$A_{492\,nm(样品)}$ 为样品组的吸光度值;$A_{492\,nm(对照)}$ 为对照组的吸光度值。

8.2.6　H₂N‐MSNs‐PEI‐FA 的载药

将水相分散的 H₂N‐MSNs‐PEI‐FA 离心,沉淀冷冻干燥,取 40 mg 载体,加入 100 mg/mL ATRA 的 DMSO 溶液 0.20 mL,超声分散 1 h,随后在密封和避光的条件下,在摇床上放置 24 h,然后 13 000 rpm 离心 20 min,弃上清,沉淀使用 ddH₂O 洗涤 4 次,随后超声混悬于一定体积的 ddH₂O,药剂标记为 H₂N‐MSNs‐PEI‐FA@ATRA。

取 H₂N‐MSNs‐PEI‐FA@ATRA 的 ddH₂O 分散液 200 μL,一方面将其置于 0.5 mL 的 EP 管中烘干,使用差减法得出 200 μL 中 H₂N‐MSNs‐PEI‐FA@ATRA 的总质量(m_0);另一方面,将其使用 DMSO 稀释至合适浓度,使用紫外分光光度计测量 ATRA 的紫外吸收,根据标准曲

线计算出 200 μL 中 ATRA 的质量(m_1)。载药量根据下面公式计算:

$$载药量 = m_1 / m_0 \times 100\%$$

8.2.7 Hela 细胞对 H$_2$N - MSNs - PEI - FA 的吞噬实验

H$_2$N - MSNs - PEI - FA 的荧光标记:将 25 mg H$_2$N - MSNs - PEI - FA 超声分散于 2 mL 的 DMSO 中,随后加入 1 mg FITC,混合均匀,使得载体中氨基与 FITC 的异硫氰基团发生共价反应,静置 24 h 后,13 000 rpm 离心 20 min,弃上清液,沉淀使用 PBS 洗涤 4 次,分散于一定量体积的 PBS 中待用。

流式检测细胞吞噬情况:本章所选用的癌细胞系是 Hela 细胞,培养基为含有 10% 胎牛血清和 1% 双抗的 DMEM,将 Hela 细胞以每孔 2.0×10^5 的细胞密度接种于 6 孔板,每孔体积为 2 mL,在 37℃、5% CO$_2$ 及饱和湿度条件下,培养 24 h 使细胞贴壁牢固,吸去培养基,加入含有 FA(4 mM)的 DMEM 培养基 1 mL,对照组加入 1 mL 的 DMEM 培养基,然后放入培养箱继续培养 30 min,随后加入 1 mL DMEM 混悬的 FITC 标记的 H$_2$N - MSNs - PEI - FA(300 μg/mL),继续培养 2 h,弃去培养基,使用不含 EDTA 的胰酶消化贴壁细胞 1~2 min,加入 1 mL DMEM 培养基终止消化,随后收集细胞,离心(2 000 rpm,5 min),弃上清,细胞沉淀使用 PBS 洗涤两次并收集 10~50 万个细胞;加入 500 μL 的 PBS 悬浮细胞,混匀后在 1 h 内,使用流式细胞仪(FACS)观察和检测,每个样品收集 1 万个细胞。

8.3 结果与讨论

8.3.1 H$_2$N - MSNs - NH$_2$ 的 TEM

如图 8 - 2 所示,TEM 所观察到的 H$_2$N - MSNs - NH$_2$ 表明,所合成的

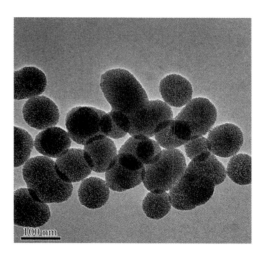

图 8 - 2　H$_2$N - MSNs - NH$_2$ 的 TEM 图像

H$_2$N - MSNs - NH$_2$ 是一组分散性良好,呈球形或者椭圆形的介孔状颗粒,粒径在 90～150 nm 范围内。本章所得到的 H$_2$N - MSNs - NH$_2$ 与文献中所报道的使用同样方法合成的 MSNs 很接近[204,205]。

8.3.2　MSNs 纳米载体的粒径和 Zeta 电位

表 8 - 1 为三种 MSNs 在 ddH$_2$O 中的平均粒径,可以看出,H$_2$N - MSNs - NH$_2$ 的粒径与 TEM 所观察的结果比较一致。而后续的表面修饰增加了纳米颗粒的粒径,但最终 H$_2$N - MSNs - PEI - FA 的粒径小于 200 nm。

表 8 - 1　三种 MSNs 的平均粒径

MSNs 种类	粒径(nm)
H$_2$N - MSN - NH$_2$	125
H$_2$N - MSN - PEI	128
H$_2$N - MSN - PEI - FA	151

表 8-2 给出了在中性条件下，所合成的四种 MSNs 的 Zeta 电位，由表中可以看出，随着纳米颗粒表面官能团的改变，颗粒的 Zeta 电位也发生了相应的改变，这也间接地从定性的角度说明了纳米颗粒的修饰是按照实验预期进行的。纳米颗粒的 Zeta 电位与颗粒的分散性有关，最终所得到的 H_2N-MSNs-PEI-FA 接近于 0 mV，这说明在生理条件下，H_2N-MSNs-PEI-FA 会发生沉降，不会形成一个很稳定的胶体体系。而事实上，H_2N-MSNs-PEI-FA 在 PBS 中的分散体系会在 0.5 h 之后出现明显的沉降，不过使用外力摇晃或者超声分散又可以达到均匀分散的状态，说明颗粒之间的团聚是非共价键作用力造成的。

表 8-2 不同修饰程度的 MSNs 的 Zeta 电位

MSNs 种类	Zeta 电位(mV)
H_2N-MSN-NH_2	−18.8
羧基化的 H_2N-MSN-NH_2	−21.6
H_2N-MSN-PEI	13.7
H_2N-MSN-PEI-FA	1.89

8.3.3 MSNs 纳米载体的紫外可见吸收

本章使用 EDC 和 NHS 催化连接 H_2N-MSNs-PEI 上的氨基和 FA 上的羧基，为了验证 FA 是否成功地修饰到 H_2N-MSNs-PEI 上，本章比较了 H_2N-MSNs-PEI-FA 和 H_2N-MSNs-PEI 在 DMSO 体系中的紫外吸收。适量的 H_2N-MSNs-PEI 在 DMSO 中的紫外可见吸收谱图没有出现明显的吸收峰，然而 H_2N-MSNs-PEI-FA 的 DMSO 体系却呈现出 FA 的特征吸收峰(图 8-3)，这说明 FA 成功地连接到了纳米颗粒之上。

8.3.4 Hela 细胞对 H_2N-MSNs-PEI-FA 吞噬机理的研究

许多癌细胞系的细胞表面 FA 受体表达量比正常细胞高，因此癌细胞

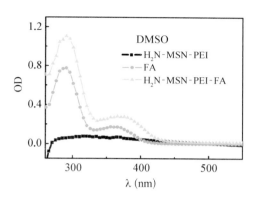

图 8 - 3　H$_2$N - MSNs - PEI, FA 和 H$_2$N - MSNs - PEI - FA
的紫外可见吸收谱图

表面的叶酸受体也成为抗癌药物载体设计过程中的靶点[206,207]。Hela 细胞就是 FA 受体过表达的一类癌细胞系[208,209],且 ATRA 能够抑制 Hela 细胞的生长和增殖[210,211]。使用流式细胞仪研究 Hela 对 FITC 标记的 H$_2$N - MSNs - PEI - FA 的吞噬结果表明,自由 FA 的存在能够减少仪器所收集 Hela 细胞的总荧光强度,它表明所加入的 FA 抑制了 Hela 细胞对 H$_2$N - MSNs - PEI - FA 的吞噬(图 8 - 4)。这一结果证明 Hela 细胞对 H$_2$N - MSNs - PEI - FA 的吞噬是叶酸受体介导的吞噬过程,而抑制作用是通过 FA 竞争性的结合 Hela 细胞表面的 FA 受体实现的(图 8 - 5)。

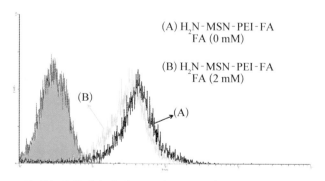

图 8 - 4　流式细胞仪分析自由 FA 对 Hela 细胞吞噬 H$_2$N - MSNs - PEI -
FA 的影响,(A) FA: 0 mM,(B) FA: 2 mM

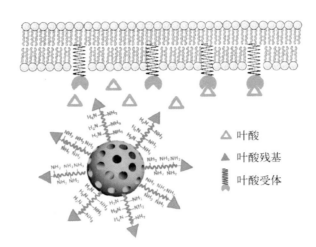

图 8‑5　FA 竞争性抑制 Hela 细胞吞噬 H₂N‑MSNs‑PEI‑FA 的示意图

叶酸
叶酸残基
叶酸受体

8.3.5　H₂N‑MSNs‑PEI‑FA 细胞毒性的表征

PEI 是一类阳离子型的高分子聚合物,它是一类良好的非病毒基因转染载体,但是它具有较强的细胞毒性,许多工作通过对 PEI 的氨基进行修饰,降低了 PEI 所带来的细胞毒性[212,213]。已有文献报道,修饰在纳米材料(包括介孔 SiO₂)表面的 PEI 也会产生明显的细胞毒性,而对纳米材料表面的 PEI 进行 FA 修饰不仅能够降低载体毒性,并且能够赋予载体 FA 受体靶向的功能[202,203,214-218]。在预料之内,H₂N‑MSNs‑PEI 也应该会有较强的细胞毒性。从图 8‑6 中可以看出,H₂N‑MSNs‑PEI 对 Hela 细胞的生长具有浓度和时间依赖性的抑制作用。而 H₂N‑MSNs‑PEI‑FA 对 Hela 细胞的毒性较小,而且在 72 h,H₂N‑MSNs‑PEI‑FA 组的细胞存活率几乎与对照组相同,这说明 FA 的修饰显著降低了 H₂N‑MSNs‑PEI 的毒性。这一结果也表明 H₂N‑MSNs‑PEI‑FA 具有较好的生物安全性,适合用做药物载体。

8.3.6　H₂N‑MSNs‑PEI‑FA 的载药量和抗癌效果的评价

以上结果表明 H₂N‑MSNs‑PEI‑FA 没有明显的细胞毒性,这是药

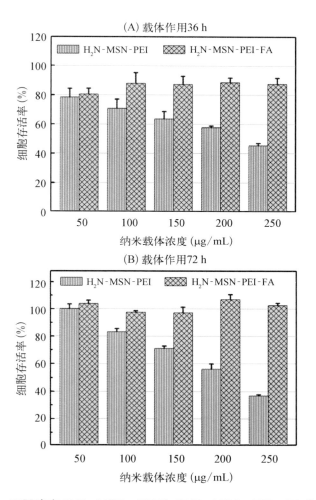

图 8‑6 不同浓度 **H₂N‑MSNs‑PEI** 和 **H₂N‑MSNs‑PEI‑FA** 分别作用 **Hela 细胞 36 h 和 72 h 后细胞存活率(每组样品均是三个平行)**

物载体所必须具备的特征。紧接着本章继续尝试使用 H₂N‑MSNs‑PEI‑FA 包载 ATRA,以考察其对 ATRA 药效的改观。H₂N‑MSNs‑PEI‑FA 对 ATRA 的载药量为 17.7%。

MTT 的实验结果表明,单独的 ATRA 对 Hela 细胞生长的抑制作用不明显,H₂N‑MSNs‑PEI‑FA@ATRA 对 Hela 细胞生长和增殖的抑制

作用相对于 ATRA 明显提高,且随着时间和 ATRA 浓度的增加,H_2N-
$MSNs-PEI-FA@ATRA$ 和 ATRA 之间药效差异更为明显(图 8 – 7)。

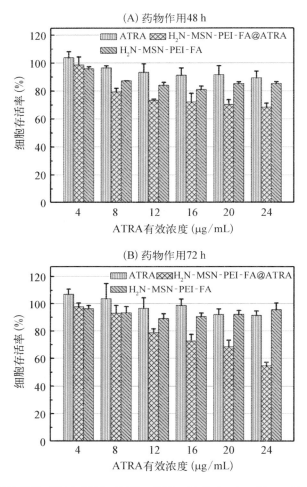

图 8 – 7　不同浓度的 ATRA,$H_2N-MSNs-PEI-FA$ 和 $H_2N-MSNs-PEI-FA@ATRA$
　　　　分别作用于 Hela 细胞 48 h 和 72 h 之后细胞的存活率(每组样品均是三个平行)

$H_2N-MSNs-PEI-FA$ 的载药量不是太高,如果作为 ATRA 的载体
使用,会浪费原药。虽然 MSNs 在细胞水平上无明显毒性,一定剂量内,在
动物体内也没有明显毒性,而且 MSNs 也能够被降解,但是 MSNs 在动物

体内降解周期较长[193-195]，如果载药量低，不可避免的会增大载体用量，这样在短时间内会造成 MSNs 在体内的大量积累，对生物体的健康可能会产生不利影响[219,220]。但是，目前 MSNs 是在纳米载药方面研究比较热的一类材料，已报道的文献中提供了各种各样 MSNs 的设计思路和合成方法，所以，我们可以借鉴相关工作对本文的纳米载药体系进行改进，例如可以采用中空介孔 SiO₂ 纳米材料作为载体内核。

8.4　本 章 小 结

（1）本章根据 ATRA 瞬态光化学和光生物学的结果，设计合成了基于介孔 SiO₂ 纳米颗粒的 ATRA 多功能载药体系，该体系是在 H_2N - MSN - NH_2 的外表面依次修饰 PEI 和 FA，载体粒径约为 151 nm，Zeta 电位约为 1.89 mV。

（2）纳米颗粒的 PEI 修饰会给载体带来明显的细胞毒性，而对 H_2N - MSNs - PEI 进行 FA 修饰之后能够消除 PEI 所带来的毒性，不仅如此，FA 的修饰还能赋予载体叶酸受体靶向的功能。此外 H_2N - MSNs - PEI - FA 能够提高 ATRA 对 Hela 细胞生长和增殖的抑制作用。

本章结果表明，针对 ATRA 所设计的基于介孔 SiO₂ 纳米颗粒的多功能载药体系是一个非常有前景，值得继续深入研究的载药体系。然而本章工作只是初期的尝试，后续工作仍然需要考察载体如何影响 ATRA 的瞬态光化学反应，新的剂型能否提高 ATRA 光稳定性等。此外，后续工作还应借鉴 MSNs 合成的新思路，对现有纳米载体进行改进，以提高载药量和深入修饰空间。总之，本章的尝试为深入设计基于功能性 MSNs 的 ATRA 新剂型提供了一定的借鉴作用。

第9章

总结和展望

9.1 总 结

类视黄醇在人和动物的正常生理活动中扮演着非常重要的角色,同时它们在医药和化妆品领域中也有着广泛的应用。为了研究类视黄醇在自然分布中的光化学反应和潜在光毒性机制,寻找能够抑制全反式视黄酸光反应的载药体系,本文使用激光闪光光解技术在异相体系微乳中研究了天然类视黄醇的光化学和光生物学性质,尝试设计了基于介孔 SiO_2 纳米颗粒的全反式视黄酸多功能载药体系。本文主要工作总结如下:

(1) 经 355 nm 激光作用,微乳中 ATRA 发生双光子的光电离反应,产生 $ATRA^{•+}$,$ATRA^{•+}$ 能够与 NaN_3 发生加成反应,与有机胺发生电子转移反应,它能够作用于溶菌酶,色氨酸,酪氨酸和半胱氨酸;此外 $ATRA^{•+}$ 能够与各种亲水和疏水的抗氧化剂发生反应,其中醇溶性的酚氧类抗氧化剂姜黄素,PGA,TBHQ 和水溶性抗氧化剂 VC 和 GA 能够有效地清除 $ATRA^{•+}$。

(2) 355 nm 激光闪光光解 ROH 微乳体系引起 ROH 发生单光子的光电离反应,生成 e_{aq}^- 和 $ROH^{•+}$,$ROH^{•+}$ 能够与 NaN_3 发生加成反应,与有机胺发生电子转移反应,同样 $ROH^{•+}$ 能够作用于溶菌酶,色氨酸,半胱氨酸和亚油酸;此外 ROH$^{\bullet+}$ 能够有效地与醇溶性的酚氧类抗氧化剂姜黄素,PGA,TBHQ 和水溶性抗氧化剂 VC 和 GA 发生反应。

(3) 355 nm 激光闪光光解 ROAT 微乳体系引起 ROAT 发生单光子电离反应,生成 e_{aq}^{-} 和瞬态吸收在 580 nm 附近的瞬态产物(ROAT^{+});ROAT^{+} 的瞬态吸收是 ROAT 阳离子自由基和视黄基碳正离子的叠加吸收;ROAT^{+} 能够与 β-car 发生反应,也能够与有机胺发生电子转移反应,同时 ROAT^{+} 能够作用于溶菌酶,色氨酸,半胱氨酸和亚油酸,也能够与不同种类的抗氧化剂反应,ROAT^{+} 对所选抗氧化剂反应活性的趋势与 ATRA$^{\bullet+}$ 和 ROH$^{\bullet+}$ 大体一致。

(4) 经 355 nm 激光作用,ATRN 在微乳中发生光激发反应生成 ^{3}ATRN*,^{3}ATRN* 的生成和衰减不受微乳 pH 值的影响;^{3}ATRN* 能够与二苯胺发生电子转移反应,但它对本文所选的溶菌酶,氨基酸,亚油酸以及各类抗氧化剂的反应活性较低,本文所使用的仪器无法观测到它们之间发生反应的证据。

(5) 在微乳体系中,硫化氢能够与 ATRA$^{\bullet+}$,ROH$^{\bullet+}$ 和 ROAT^{+} 发生反应;通过稳态辐照实验本文发现,硫化氢能够保护溶菌酶免受 RF 诱导的光损伤,根据瞬态动力学结果本文提出了硫化氢缓解核黄素诱导的溶菌酶光损伤的机理。

(6) 根据 ATRA 瞬态光化学和光生物学的结果,本文设计合成了基于介孔 SiO$_2$ 纳米颗粒的 ATRA 多能载药体系,该体系是在 H$_2$N-MSN-NH$_2$ 的外表面依次修饰 PEI 和 FA,载体粒径约为 151 nm,Zeta 电位约为 1.89 mV。该载体细胞毒性较低,能够提高 ATRA 对 Hela 细胞的抑制效率。

本文结果表明,在 UVA 光的激发下,ATRA,ROH 和 ROAT 在异相体系中主要发生光电离反应,生成反应活性较强的瞬态反应产物,这些瞬态反应产物能够作用于蛋白质的酪氨酸,色氨酸和半胱氨酸残基,同时这些瞬态反应产物也能够作用于生物膜中的不饱和脂肪酸,这可能是

ATRA,ROH 和 ROAT 引起生物分子光损伤的潜在途径。但是我们可以使用合适的抗氧化剂来清除这些瞬态反应产物,减轻生物分子的损伤。而在相同条件下,ATRN 则主要发生光激发反应,生成 ^{3}ATRN*,^{3}ATRN* 本身对生物分子的反应活性不强,但在有氧条件下,^{3}ATRN* 能够被氧气有效猝灭生成 ^{1}O$_2$ 或者其他 ROS,最终由 ROS 引起生物分子损伤,即是说 ATRN 有可能作为光敏剂通过 Type Ⅱ 的途径引起生物分子损伤。

9.2　创　新　性

本书首次在微乳体系中研究了类视黄醇的瞬态光化学和光生物学行为。在本文的激光闪光光解实验中,微乳体系的使用一方面使得本文对类视黄醇瞬态光化学和光生物学的研究结果更加接近于自然分布中的真实情况,另一方面有利于我们考察类视黄醇光反应产物对各种疏水和亲水物质的反应活性。

得益于微乳体系的使用,本文首次得到了类视黄醇光反应瞬态产物与蛋白质,氨基酸和不饱和脂肪酸反应的直接证据,为提出类视黄醇潜在光毒性机制提供瞬态动力学方面的理论基础。

本书首次得到了微乳体系中类视黄醇光反应瞬态产物与不同种类抗氧化剂之间的反应速率常数,这些结果为筛选合适的抗氧剂抑制类视黄醇光降解,缓解或者避免类视黄醇引起的潜在光毒性提供理论指导作用。

9.3　展　　望

由于时间仓促,能力和精力有限,本书工作还存在着许多待于拓展和深入研究的地方：

（1）考察微乳类型对类视黄醇在微乳体系中光化学和光生物学的影响。比如：微乳表面活性剂的种类（阳离子表面活性剂，非离子表面活性剂），微乳的粒径大小，油包水的微乳体系等。

（2）寻找反应活性相对惰性的助表面活性剂用于微乳的制备，考察类视黄醇光反应中间产物与 DNA 等其他生物分子之间的反应。由于本文使用的助表面活性剂为正丁醇，它具有一定的还原性，对于还原能力小于正丁醇的物质将无法观察到它们与类视黄醇光反应瞬态产物之间的反应，这样限制了对生物分子的研究范围。

（3）运用稳态辐照技术以及各种分析手段从宏观的角度分析微乳中类视黄醇对蛋白质和氨基酸光损伤的影响，考察微乳中抗氧化剂对类视黄醇光稳定性的影响。

（4）构建 ATRA 与聚乙烯亚胺之间的二元均相或异相体系，或者构建 ATRA 的金属离子螯合物，然后使用激光闪光光解技术考察 ATRA 的瞬态光化学，研究氢键和配位键等非共价作用力对 ATRA 光电离的影响，寻找抑制 ATRA 光电离的因素。

（5）采用中空介孔 SiO_2 纳米颗粒作为载体骨架核心来尝试弥补 H_2N-MSNs-PEI-FA 载药量低的缺陷。在设计 ATRA 纳米新剂型的同时，根据瞬态动力学实验结果，选择合适的抗氧化剂与 ATRA 配伍使用，进一步提高 ATRA 稳定性。

参考文献

［1］ Heelis P F. The Photochemistry of Flavins. In Chemistry and Biochemistry of Flavoenzymes［M］. Boca Raton FL：CRC Press，1991：171－193.

［2］ Bisby R H，Parker A W. Reaction of Excited Triplet Duroquinone with α－Tocopherol and Ascorbate：A Nanosecond Laser Flash Photolysis and Time-Resolved Resonance Raman Investigation［J］. J Am Chem Soc，1995，177：5664－5670.

［3］ Davies M J. Singlet oxygen-mediated damage to proteins and consequences［J］. Biochem Biophys Res Commun，2003，305：761－770.

［4］ Davies K J A. Protein damage and degradation by oxygen radicals. I. General aspects［J］. J Bio Chem，1987，262：9895－9901.

［5］ Matheson I B C，Etheridge R D，Kratowich N R，et al. The quenching of singlet oxygen by amino acids and proteins［J］. Photochem Photobiol，1975，21：165－171.

［6］ Kowaltowski A J，Verces A E. Mitochondrial damage induced by conditions of oxidative stress［J］. Free Radical Biol Med，1999，26：463－471.

［7］ Davies K J，Delsignore M E，Lin S W. Protein damage and degradation by oxygen radicals. II. Modification of amino acids［J］. J Biol Chem，1987，262：9902－9907.

［8］ Davies K J，Lin S W，Pacifici R E. Protein damage and degradation by oxygen radicals. IV. Degradation of denatured protein［J］. J Biol Chem，1987，262：9914 - 9920.

［9］ Epe B，Pflaum M，Bojteux S. DNA damage induced by photosensitizers in celluar and cell-free systems［J］. Mutat Res，1993，299：135 - 145.

［10］ Kagan J，Wang T P，Benight A S. The phototoxicity of nitro polycyclic aromatic hydrocarbons of environmental importance［J］. Chemosphere，1990，20：453 - 466.

［11］ Ferguson J，Johnson B E. Retinoid assoicated phototoxicity and photosensitivity［J］. Pharmac Ther，1989，40：123 - 135.

［12］ 陆长元,韩镇辉,蔡喜臣等. 核黄素(维生素 B_2)的光物理与光化学性质［J］. 中国科学(B辑),2000,30：428 - 435.

［13］ Lu C Y，Wang W F，Lin W Z，et al. Generation and photosensitization properties of the oxidized radical of riboflavin：a laser flash photolysis study［J］. J Photochem Photobiol B，1999，52：111 - 116.

［14］ 刘官树,陆长元,姚思德等. 核黄素体外辐射增敏机理研究［J］. 中国科学(C辑),2001,31：544 - 549.

［15］ Cardoso D R，Libardi S H，Skibsted L H. Riboflavin as a photosensitizer. Effects on human health and food quality［J］. Food Funct，2012，3：487 - 502.

［16］ Kristensen S，Edge R，Tønnesen H H，et al. Photoreactivity of biologically active compounds. XIX：Excited states and free radicals from the antimalarial drug primaquine［J］. J Photochem Photobiol B，2009，94：147 - 157.

［17］ Liu Y C，Zhang P，Li H X，et al. Photochemical properties and phototoxity of Pazufloxacin：A stable and transient study［J］. J Photochem Photobiol B，2013，118：58 - 65.

［18］ Bosca F，Encinas S，Heelis P F，et al. Photophysical and Photochemical Characterization of a Photosensitizing Drug：A Combined Steady State Photolysis and Laser Flash Photolysis Study on Carprofen［J］. Chem Res Toxicol，1997，

10：820－827.

[19] Land E J, Navaratnam S, Parsons B J, et al. Primary processes in the photochemistry of aqueous sulphacetamide：a laser flash photolysis and pulse radiolysis study[J]. Photochem Photobiol，1982，35：637－642.

[20] Encinas S, Bosca F, Miranda M A. Phototoxicity Associated with Diclofenac：A Photophysical, Photochemical, and Photobiological Study on the Drug and Its Photoproducts[J]. Chem Res Toxicol，1998，11：946－952.

[21] Navaratnam S, Hughes J L, Parsons B J, et al. Laser flash and steady-state photolysis of benoxaprofen in aqueous solution[J]. Photochem Photobiol，1985，41：375－380.

[22] Trapasso E, Cosco D, Celia C, et al. Retinoids：new use by innovative drug-delivery systems[J]. Expert Opin Drug Deliv，2009，6：465－483.

[23] Bushue N, Wan Y J Y. Retinoid pathway and cancer therapeutics[J]. Adv Drug Delivery Rev，2010，62：1285－1298.

[24] Nau H, Blaner W S. Retinoids：The Biochemical and Molecular Basis of Vitamin A and Retinoid Action[M]. New York：Springer Berlin Heidelberg，1999：1－619.

[25] Li C Y, Zimmerman C L, Wiedmann T S. Solubilization of Retinoids by Bile Saltphospholipid aggregates[J]. Pharm Res，1996，13：907－913.

[26] Dingle J T, Lucy J A. Vitamin A, carotenoids and cell function[J]. Biol Rev，1965，40：422－461.

[27] Stillwell W, Ricketts M. Effect of trans-retinol on the permeability of egg lecithin liposomes[J]. Biochem Biophys Res Common，1980，97：148－153.

[28] Wassall S R, Phelps T M, Albrecht M R. ESR study of the interaction of retinoids with a phospholipid model membrane[J]. Biochim Biophys Acta，1988，939：393－402.

[29] Stillwell W, Ricketts M, Hudson H, et al. Effect of retinol and retinoic acid on permeability, electrical resistance and phase transition of lipid bilayers[J].

Biochim Biophys Acta, 1982, 668: 653 – 659.

[30] Stillwell W, Bryant L. Membrane permeability changes with vitamin A/vitamin E mixed bilayers[J]. Biochim Biophys Acta, 1983, 731: 483 – 486.

[31] DeBoeck H, Zidovetzki R. NMR study of the interaction of retinoids with phospholipid bilayers[J]. Biochim Biophys Acta, 1988, 946: 244 – 252.

[32] Bangham A D, Dingle J T, Lucy J A. Studies on the mode of action of excess of vitamin A. 9. Penetration of lipid monolayers by compounds in the vitamin A series[J]. Biochem J, 1964, 90: 133 – 140.

[33] Jetten A M, Grippo J F, Nervi C. Isolation and binding characteristics of nuclear retinoic acid receptors[J]. Methods Enzymol, 1990, 189: 248 – 255.

[34] Ortiz A, Aranda F J, Gómez-Fernández J C. Interaction of retinol and retinoic acid with phospholipid membranes. A differential scanning calorimetry study[J]. Biochim Biophys Acta, 1992, 1106: 282 – 290.

[35] Noy N. The ionization behavior of retinoic acid in lipid bilayers and in membrances[J]. Biochim Biophys Acta, 1992, 1106: 159 – 164.

[36] Svensson F R, Lincoln P, Nordén B, et al. Retinoid chromophores as probes of membrane lipid order[J]. J Phys Chem B, 2007, 111: 10839 – 10848.

[37] Mark M, Ghyselinck N B, Chambon P. Function of retinoic acid receptors during embryonic development[J]. Nucl Recept Signal, 2009, 7: 1 – 15.

[38] Chang H K. Regulation of FoxP3[+] Regulatory T Cells and Th17 Cells by Retinoids[J]. Clin Dev Immunol, 2008, 2008: 1 – 12.

[39] Carratu M R, Marasco C, Mangialardi G, et al. Retinoids: novel immunomodulators and tumour-suppressive agents[J]? Brit J Pharmacol, 2012, 167: 483 – 492.

[40] Gudas L J. Emerging roles for retinoids in regeneration and differentiation in normal and disease states[J]. Biochim Biophys Acta, 2012, 1821: 213 – 221.

[41] Samarut E, Rochette-Egly C. Nuclear retinoic acid receptors: Conductors of the retinoic acid symphony during development[J]. Mol Cell Endocrinol, 2012, 348: 348 – 360.

［42］ Miller W H. The Emerging Role of Retinoids and Retinoic Acid Metabolism Blocking Agents in the Treatment of Cancer［J］. Cancer，1998，83：1471－1482.

［43］ Ritter E，Elgeti M，Bartl F J. Activity Switches of Rhodopsin［J］. Photochem Photobiol，2008，84：911－920.

［44］ Saari J C. Vitamin A Metabolism in Rod and Cone Visual Cycles［J］. Annu Rev Nutr，2012，32：125－145.

［45］ Sporn M B，Roberts A B. The retinoids：biology，chemistry and medicine. 2nd ed. New York：Raven Press 1994. 1－679.

［46］ Chytil F. Retinoic acid：biochemistry and metabolism［J］. J Am Acad Dermatol，1986，15：741－747.

［47］ Mangelsdorf D J，Ong E S，Dyck J A，et al. Nuclear receptor that identifies a novel retinoic acid response pathway［J］. Nature，1990，345：224－229.

［48］ Mangelsdorf D J，Evans R M. The RXR heterodimers and orphan receptors［J］. Cell，1995，83：841－850.

［49］ Chambon P A. Decade of molecular biology of retinoic acid receptors［J］. FASEB J，1996，10：940－954.

［50］ Petkovitch M，Brand N J，Krust A，et al. A human retinoic acid receptor which belongs to the family of nuclear receptors［J］. Nature，1987，330：444－450.

［51］ Thielitz A，Krautheim A，Gollnick H. Update in retinoid therapy of acne［J］. Dermatol Ther，2006，19：272－279.

［52］ Van de Kerkhof P C. Update on retinoid therapy of psoriasis in：an update on the use of retinoids in dermatology［J］. Dermatol Ther，2006，19：252－263.

［53］ Lens M，Medenica L. Systemic retinoids in chemoprevention of non-melanoma skin cancer［J］. Expert Opin Pharmacother，2008，9：1363－1374.

［54］ Gilchrest B A. Treatment of photodamage with topical tretinnoin：An overview［J］. J Am Acad Dermatol，1997，36：27－36.

［55］ Mongan N P，Gudas L J. Diverse actions of retinoid receptors in cancer prevention and treatment［J］. Differentiation，2007，75：853－870.

［56］ Freemantle S J，Spinella M J，Dmitrovsky E. Retinoids in cancer therapy and chemoprevention: promise meets resistance［J］. Oncogene，2003，22：7305 – 7315.

［57］ Boehnlein J，Sakr A，Lichtin J L，et al. Characterization of esterase and alcohol dehydrogenase activity in skin. Metabolism of retinyl palmitate to retinol (vitamin A) during percutaneous absorption［J］. Pharm Res，1994，11：1155 – 1159.

［58］ Tolleson W H，Cherng S H，Xia Q S，et al. Photodecomposition and phototoxicity of natural retinoids［J］. Int J Environ Res Public Health，2005，2：147 – 155.

［59］ Fu P P，Cheng S H，Coop L，et al. Photoreaction, Phototoxicity, and Photocarcinogenicity of Retinoids［J］. J Environ Sci Heal C，2003，21：165 – 197.

［60］ Crank G，Pardijanto M S. Photooxidations and photosensitized oxidations of vitamin A and its palmitate ester［J］. J Photochem Photobiol A，1995，85：93 – 100.

［61］ Berne B，Nilsson M，Vahlquist A. UV irradiation and cutaneous vitamin A: an experimental study in rabbit and human skin［J］. J Invest Dermatol，1984，83：401 – 404.

［62］ Ihara H，Hashizume N，Hirase N，et al. Esterification makes retinol more labile to photolysis［J］. J Nutr Sci Vitaminol，1999，45：353 – 358.

［63］ Landers G M，Olson J A. Absence of isomerizaiton of retinyl palmitate, retinol, and retinal in chlorinated and nonchlorinated solvents under gold light［J］. J AOAC Int，1986，69：50 – 55.

［64］ El-Agamey A，Fukuzumi S. Laser flash photolysis study on the retinol radical cation in polar solvents［J］. Org Biomol Chem，2011，9：6437 – 6446.

［65］ Gurzadyan G G，Reynisson J，Steenken S. Photoionization versus photoheterolysis of all-trans-retinol. The effects of solvent and laser radiation intensity［J］. Phys

Chem Chem Phys，2007，9：288 - 298.

[66] Bobrowski K，Das P K. Transient phenomena in the pulse radiolysis of retinyl polyenes. 3. Radical Cations[J]. J Phys Chem，1985，89：5079 - 5085.

[67] Różanowska M，Cantrell A，Edge R，et al. Pulse radiolysis study of the interaction of retinoids with peroxyl radicals[J]. Free Radic Biol Med，2005，39：1399 - 1405.

[68] Sykes A，Truscott T G. The "in-vitro" Photochemisty of Biological Molecules Part 1 — Energy Transfer Reactions Involving Retinol（Vitamin A）[J]. Trans Faraday Soc，1971，67：679 - 686.

[69] Lo K K N，Land E J，Truscott T G. Primary intermediates in the pulse irradiation of reinoids[J]. Photochem Photobiol，1982，36：139 - 145.

[70] Rosenfeld T，Alchalal A，Ottolenghi M. Primary photoprocesses in retinol[J]. Chem Phys Lett，1973，20：291 - 297.

[71] Mahipal Reddy A，Jayathirtha Rao V. Ionic Photodissociation of Polyenes via a Highly Polarized Singlet Excited State[J]. J Org Chem，1992，57：6727 - 6731.

[72] Bobrowski K，Das P K. Transient Phenomena in the Pulse Radiolysis of Retinyl Polyenes. 5. Association of Radical Cations with Parent Molecules[J]. J Phys Chem，1986，90：927 - 931.

[73] Fisher M M，Weiss K. Laser Photolysis of Retinal and its Protonated and Unprotonated n-Butylamine Schiff Base[J]. Photochem Photobiol，1974，20：423 - 432.

[74] Dawson W，Abrahamson E W. Population and decay of the lowest triplet state in polyenes with conjugated heteroatoms：retinene[J]. J Phys Chem，1962，66：2542 - 2547.

[75] Guzzo A V，Pool G L. Energy transfer to the triplet level of all-trans retinal[J]. J Phys Chem，1969，73：2512 - 2515.

[76] Truscott T G，Land E J，Sykes A. The in vitro photochemistry of biological molecules-Ⅲ. absorption spectra，lifetimes and rates of oxygen quenching of the

triplet states of β - carotene，retinal and related polyenes［J］. Photochem Photobiol，1973，17：43 - 51.

［77］ Harper W S，Gaillard E R. Studies of All-trans-retinal as a Photooxidizing Agent ［J］. Photochem Photobiol，2001，73：71 - 76.

［78］ Raghavan N V，Das P K，Bobrowski K. Transient phenomena in the pulse radiolysis of retinyl polyenes. 1. Radical anions［J］. J Am Chem Soc，1981，103：4569 - 4573.

［79］ Bobrowski K，Das P K. Transient Phenomena in the Pulse Radiolysis of Retinyl Polyenes. 2. Protonation Kinetics［J］. J Am Chem Soc，1982，104：1704 - 1709.

［80］ Johnston L J，Schepp N P. Reactivities of radical cations：characterization of styrene radical cations and measurements of their reactivity toward nucleophiles ［J］. J Am Chem Soc，1993，115：6564 - 6571.

［81］ Aveline B，Hasan T，Redmond R. Photophysical and photosensitizing properties of benzoporphyrin derivative monoacid ring A（BPD - MA）［J］. Photochem Photobiol，1994，59：328 - 322.

［82］ Bazin M，Ebbesen T W. Distortions in laser flash photolysis absorption measurements. The overlap problem［J］. Photochem Photobiol，1983，37：675 - 689.

［83］ Grabner G，Getoff N，Gantchev T，et al. Hydrated electron formation in nanosecond and picosecond laser flash photolysis of hematoporphyrin in aqueous solution［J］. Photochem Photobiol，1991，54：673 - 681.

［84］ Hodgson B W，Keene J K. Some characteristics of a pulsed xenon lamp for use as a light source in kinetic spectroscopy［J］. Rev Sci Instrum，1972，43：493 - 512.

［85］ Kasama K，Takematsu A，Arai S. Photochemical reactions of triplet acetone with indole purine and pyrimidine derivatives［J］. J Phys Chem，1982，86：2420 - 2427.

[86] Arce R, Jimenez L A, Rivera V, et al. Intermediates in the room temperature flash photolysis and low temperature photolysis of purine solutions [J]. Photochem Photobiol, 1980, 32: 91 - 95.

[87] Cao X Y, Fu H Y, Zhu L, et al. Laser photolysis study on photo-oxidation reactions of aromatic amino acids with triplet 2 - methylanthraquinone. Spectrosc Spect Anal, 2013, 33: 916 - 920.

[88] Tang R Z, Zhang P, Li H X, et al. Photosensitized oxidation of tryptophan and tyrosine by aromatic ketones: a laser flash photolysis study[J]. Sci china chem, 2012, 55: 386 - 390.

[89] Liu Y C, Zhang P, Li H X, et al. Ciprofloxacin-Photosensitized oxidation of 2′- deoxygunosine - 5′- Monophosphate in neutral aqueous solution[J]. Photochem Photobiol, 2012, 88: 639 - 644.

[90] Li H X, Zhang P, Liu Y C, et al. Photophysical properties of gatifloxacin in aqueous solution by laser flash photolysis and pulse radiolysis[J]. Radiat Phys Chem, 2012, 81: 40 - 45.

[91] Tang R Z, Zhang P, Li H X, et al. Photosensitized xanthone-based oxidation of guanine and its repair: A laser flash photolysis study[J]. J Photochem Photobiol B, 2011, 105: 157 - 161.

[92] Samori S, Tojo S, Fujitsuka M, et al. Important factors for the radiolysis-induced emission intensity of aromatic hydrocarbons[J]. J Photochem Photobiol A, 2009, 205: 179 - 185.

[93] Muroya Y, Lin M, Iijima H, et al. Current status of the ultra-fast pulse radiolysis system at NERL, the University of Tokyo[J]. Res Chem Intermed, 2005, 31: 261 - 272.

[94] Kalyansundaram K. Photochemistry in Microheterogeneous Systems[M]. New York: Academic Press, 1987: 1 - 388.

[95] Adhikari S, Mukherjee T. Kinetics of free radical reactions of some biologically important compounds as studied by pulse radiolysis[J]. Prog React Kinet Mec,

2001，26：301 - 336.

［96］ Thomas J K. Radiation-induced reactions in organized assemblies［J］. Chem Rev,
1980，80：283 - 299.

［97］ Adhikari S, Joshi R, Mukherjee T. Radiation chemistry in microemulsion［J］. J
Indian Chem Soc，2001，78：573 - 577.

［98］ Joshi R，Adhikari S, Gopinathan C. Pulse Radiolytic Reduction Study of Bovine
Serum Albumin and Lysozyme in Quaternary Microemulsion［J］. Res Chem
Intermediat，1999，25：393 - 401.

［99］ Wu G Z, Katsumura Y, Chitose N, et al. A pulse radiolysis study of oil/water
microemulsions［J］. Radiat Phys Chem，2001，60：643 - 650.

［100］ Joshi R，Mukherjee T. Hydrated electrons in water-in-oil microemulsion: a
pulse radiolysis study［J］. Radiat Phys Chem，2003，66：397 - 402.

［101］ Willner I, Joselevich E. Light-Driven Electron Transfer through a Water-Oil
Interface by a Shuttle Photosensitizer: Photoinduced Electron Transfer from
Tributylamine to $Fe(CN)_6^{3-}$ Using Ethyl Eosin as a Mediator in a Water-in-Oil
Microemulsion System［J］. J Phys Chem B，1999，103：9262 - 9268.

［102］ Altamirano M S, Borsarelli C D, Cosa J J, et al. Deactivation of pyrene exciplexes in
water-in-oil microemulsions prepared with benzylhexadecyldimethylammonium
chloride［J］. J Photochem Photobiol A，1997，102：223 - 229.

［103］ Ghosh H N, Sapre A V, Palit D K, et al. Picosecond Flash Photolysis Studies
on Phenothiazine in Organic and Micellar Solution［J］. J Phys Chem B，1997,
101：2315 - 2320.

［104］ Kiwi J, Grätzel M. Dynamics of Light-Induced Redox Processes in
Microemulsion Systems［J］. J Am Chem Soc. 1978，100：6314 - 6320.

［105］ Kapoor S, Adhikari S, Mukherjee T. Reactions of halogenated organic peroxyl
radicals with some biologically important compounds in a quaternarymicroemulsion
［J］. Res Chem Intermediat，2001，27：571 - 577.

［106］ Adhikari S, Kapoor S, Chattopadhyay S, et al. Pulse radiolytic oxidation of βcarotene with halogenated alkylperoxyl radicals in a quaternary microemulsion: formation of retinol[J]. Biophys Chem, 2000, 88: 111 – 117.

[107] Avila V, Previtali C M. Triplet state properties of flavone in homogeneous and micellar solutions. A laser flash photolysis study[J]. J Chem Soc Perkin Trans 2, 1995, 2281 – 2285.

[108] Chowdhury A, Basu S. Interactions between 9,10 – anthraquinone and aromatic amines in homogeneous and micellar media: A laser flash photolysis and magnetic field effect study[J]. J Lumin, 2006, 121: 113 – 122.

[109] Shida T, Hamill W H. Molecular ions in radiation chemistry. I. Formation of aromatic-amine radical cations in CCl_4, by resonance charge transfer at $77°K$ [J]. J Chem Phys, 1966, 44: 2369 – 2374.

[110] Bhattacharyya K, Rajadurai S, Das P K. Micellar effects on photoprocesses in retinyl polyenes[J]. Tetrahedron, 1987, 43: 1701 – 1711.

[111] Bobrowski K, Das P K. Transient Phenomena in the Puke Radiolysis of Retinyl Polyenes. 6. Radical Ions of Retinal Homologues[J]. J Phys Chem, 1987, 91: 1210 – 1215.

[112] Li K, Wang H B, Cheng L L, et al. The protective effect of salicylic acid on lysozyme against riboflavin-mediated photooxidation[J]. Spectrochim Acta Part A, 2011, 79: 1 – 5.

[113] Li K, Wang H B, Cheng L L, et al. Characterization of transient species produced from laser flash photolysis of a new cardioprotective drug: S-propargyl-cysteine[J]. J Photochem Photobiol A, 2011, 219: 195 – 199.

[114] Wang M, Li K, Zhu R R, et al. The protective function of hydrogen sulfide for lysozyme against riboflavin-sensitized photo-oxidation [J]. J Photochem Photobiol B, 2011, 103: 186 – 191.

[115] Li K, Wang M, Wang J, et al. Photoionization of Oxidized Coenzyme Q in Microemulsion: Laser Flash Photolysis Study in Biomembrane-like System[J]. Photochem Photobiol, 2013, 89: 61 – 67.

［116］ Cheng L L，Wang M，Zhu H，et al. Characterization of the transient species generated by the photoionization of Berberine：A laser flash photolysis study ［J］. Spectrochim Acta Part A，2009，73：955－959.

［117］ Wang M，Cheng L L，Zhu H，et al. Characterization of the transient species generated in the photoexcitation of benzoic acid，2－hydroxy-，2－d-ribofuranosylhydrazide［J］. J Photochem Photobiol A，2009，208：104－109.

［118］ Cheng L L，Wang M，Wu M H，et al. Interaction mechanism between berberine and the enzyme lysozyme［J］. Spectrochim Acta Part A，2012，97：209－214.

［119］ Cheng L L，Wang M，Zhao P，et al. The examination of berberine excited state by laser flash photolysis［J］. Spectrochim Acta Part A，2009，73：268－272.

［120］ 朱慧，王玫，程伶俐等. 水杨酸的光电离和光激发机理［J］. 物理化学学报，2010，26：87－93.

［121］ Teelmann，K. Retinoids：Toxicology and teratogenicity to date［J］. Pharmac Ther，1989，40：29－43.

［122］ Ferguson J，Johnson B E. Retinoid associated photo-toxicity and photo-sensitivity［J］. Pharmac Ther，1989，40：123－135.

［123］ Ferguson J，Johnson B E. Photosensitivity due to retinoids：clinical and laboratory studies［J］. Brit J Dermatol，1986，115：275－283.

［124］ Pan Y，Gao Y H，Yan L，et al. Reactivity of aromatic amines with triplet 1,8-dihydroxyanthraquinone：a laser flash photolysis study［J］. Spectrochim Acta Part A，2007，66：63－67.

［125］ Buxton G V，Greenstock C L，Helman W P，et al. Critical review of rate constants for reactions of hydrated electrons，hydrogen atoms and hydroxyl radicals in aqueous solution［J］. J Phys Chem Ref Data，1988,17：513－886.

［126］ Rao P S，Hayon E. Oxidation of Aromatic Amines and Diamines by OH Radicals. Formation and Ionization Constants of Amine Cation Radicals in Water ［J］. J Phys Chem，1975，11：1063－1066.

153

[127] Wagner B D, Ruel G, Lusztyk J. Absolute Kinetics of Aminium Radical Reactions with Olefins in Acetonitrile Solution[J]. J Am Chem Soc, 1996, 118: 13 - 19.

[128] Williams R M, Glinka T, Flanagan M E, et al. Cannizzaro-based O_2^- dependent cleavage of DNA by quinocarcin[J]. J Am Chem Soc, 1992, 114: 733 - 740.

[129] Basu-Modak S, Tyrrell R M. Singlet oxygen: a primary effector in the ultraviolet A/near-visible light induction of the human heme oxygenase gene[J]. Cancer Res, 1993, 53: 4505 - 4510.

[130] Chetyrkin S V, Mathis M E, Ham A J L, et al. Propagation of protein glycation damage involves modification of tryptophan residues via reactive oxygen species: inhibition by pyridoxamine[J]. Free Radic Biol Med, 2008, 44: 1276 - 1285.

[131] Banerjee M, Maiti S, Kundu I, et al. Simultaneous Occurrence of Energy Transfer and Photoinduced Electron Transfer in Interactions of Hen Egg White Lysozyme with 4 - Nitroquinoline - 1 - Oxide[J]. Photochem Photobiol, 2010, 86: 1237 - 1246.

[132] Silva E, Landea C D, Edwards A M, et al. Lysozyme photo-oxidation by singlet oxygen: properties of the partially inactivated enzyme[J]. J Photochem Photobiol B, 2000, 55: 196 - 200.

[133] Domazou A S, Koppenol W H, Gebicki J M. Efficient Repair of Protein Radicals by Ascorbate[J]. Free Radic Biol Med, 2009, 46: 1049 - 1057.

[134] Zhang Y Z, Görner H. Flavin-sensitized Photo-oxidation of Lysozyme and Serum Albumin[J]. Photochem Photobiol, 2009, 85: 943 - 948.

[135] Stadtman E R, Levine R L. Free radical-mediated oxidation of free amino acids and amino acid residues in proteins[J]. Amino Acids, 2003, 25: 207 - 218.

[136] Wong T Y, Zhang Z C, Zhang M W, et al. Laser photolysis of tryptophan aqueous solution[J]. Chin J Chem Phys, 1993, 6: 291 - 298.

[137] Dudley Bryant F, Sanfus R, Grossweiner L I. Laser Flash Photolysis of Aqueous Tryptophan[J]. J Phys Chem, 1975, 79: 2711 – 2716.

[138] Chu G S, Zhang S J, Yao S D, et al. Solvent Effects on the Oxidation of TyrOH by SO_4^- Radical[J]. Acta Phys Chim Sin, 2002, 18: 812 – 816.

[139] Bent D V, Hayon E. Excited State Chemistry of Aromatic Amino Acids and Related Peptides. I. Tyrosine[J]. J Am Chem Soc, 1975, 97: 2599 – 2606.

[140] Samokyszyn V M, Marnett L J. Hydroperoxide-dependent cooxidation of 13 – cis-retinoic acid by prostaglandin-H synthase[J]. J Biol Chem, 1987, 262: 14119 – 14133.

[141] Livrea M A, Tesoriere L, Freisleben H J. Vitamin A as an antioxidant. In: Cadenas, E.; Packer, L. (Eds.), Handbook of Antioxidants[M]. New York: Dekker, 1996: 371 – 405.

[142] Tanumihardjo S A, Furr H C, Amedeemanesme O, et al. Retinyl ester (vitamin-A ester) and carotenoid composition in human liver[J]. Int J Vitam Nutr Res, 1990, 60: 307 – 313.

[143] Boulton M, Rozanowska M, Rozanowski B. Retinal photodamage [J]. J Photochem Photobiol B, 2001, 64: 144 – 161.

[144] Palace V P, Khaper N, Qin Q I, et al. Antioxidant potentials of vitamin A and carotenoids and their relevance to heart disease[J]. Free Radic Biol Med, 1999, 26: 746 – 761.

[145] Nicotra C, Livrea M A, Bongiorno A. Vitamin A and lipid peroxidation in bovine retina[J]. IRCS Med Sci, 1975, 3: 141 – 142.

[146] Das N P. Effects of vitamin A and its analogs on nonenzymatic lipid peroxidation in rat brain mitochondria[J]. J Neurochem, 1989, 52: 585 – 588.

[147] Mikkelsen S, Berne B, Staberg B, et al. Potentiating effect of dietary vitamin A on photocarcinogenesis in hairless mice[J]. Carcinogenesis, 1998, 19: 663 – 666.

[148] Chattopadhyay S K, Bobrowski K, Das P K. Biphotonic origin of

photodissociative processes in all-trans retinol[J]. Chem Phys Lett，1982，91：143 - 148.

[149] Wallace S C，Grätzel M，Thomas J K. Laser photoionization of aromatic hydrocarbons in micellar solution[J]. Chem Phys Lett，1973，23：359 - 362.

[150] Alkaitis S A，Beck G，Grätzel M. Laser Photoionization of Phenothiazine in Alcoholic and Aqueous Micellar Solution. Electron Transfer from Triplet States to Metal Ion Acceptors[J]. J Am Chem Soc，1975，97：5723 - 5729.

[151] Grätzel M，Thomas J K. Laser Photoionization in Micellar Solutions[J]. The Fate of Photoelectrons. J Phys Chem，1974，78：2248 - 2254.

[152] Alkaitis S A，Grätzel M. Laser Photoionization and Light-Initiated Redox Reactions of Tetramethylbenzidine in Organic Solvents and Aqueous Micellar Solution[J]. J Am Chem Soc，1976，98：3549 - 3554.

[153] Scholes G，Simic M，Weiss J J. Nature and reactivity of the primary reducing species in the radiolysis of aqueous solutions[J]. Discuss Faraday Soc，1963，36：214 - 222.

[154] Adhikari S，Joshi R，Gopinathan C. Reaction Kinetics of Hydrated Electrons in a Quaternary Micro Emulsion System：A Pulse Radiolysis Study[J]. Chem Kinet，1998，30：699 - 705.

[155] Bhattacharyya K，Bobrowski K，Rajadurai S. Transient Phenomena in the pulse radiolysis of retinyl polyenes. 7. Radical anions of vitamin A and its derivatives [J]. Photochem Photobiol，1988，47：73 - 83.

[156] 徐业平，宋钦华，俞书勤等. 含甲硫氨酸二肽的单电子氧化反应：激光闪光光解研[J]. 化学物理学报，2000，13：567 - 570.

[157] Asmus K D，Göbl M，Hiller K O，et al. S∴N and S∴O three-electron-bonded radicals and radical cations in aqueous solutions[J]. J Chem Soc Perkin Trans，1985，2：641 - 646.

[158] Mcelroy W J，Wayagood S J. Kinetics of the reactions of the SO_4^- radical with SO_4^-，$S_2O_8^{2-}$，H_2O and Fe^{2+}[J]. J Chem Soc Faraday Trans，1990，86：2557 -

2564.

[159] Pienta N J, Kessler R J. Pentaenyl cation from the photolysis of retinyl acetate. Solvent effects on the leaving group ability and relative nucleophilicities: an unequivocal and quantitative demonstration of the importance of hydrogen bongding[J]. J Am Chem Soc, 1992, 114: 2419 – 2428.

[160] Wilbrandt R, Jensen N H. Time-resolved resonance raman spectroscopy: the triplet state of all-trans-retinal[J]. J Am Chem Soc, 1981, 103: 1036 – 1041.

[161] Pawlak A, Wrona M, Rozanowska M, et al. Comparison of the aerobic photoreactivity of A2E with its precursor retinal[J]. Photochem Photobiol, 2003, 77: 253 – 258.

[162] Land E J, Lafferty J, Sinclair R S, et al. Absorption Spectra of Radical Ions of Polyenones of Biological Interest[J]. J Chem Soc Faraday Trans 1, 1978, 74: 538 – 545.

[163] Das P K, Becker R S. Triplet State Photophysical Properties and Intersystem Crossing Quantum Efficiencies of Homologues of Retinals in Various Solvents [J]. J Am Chem Soc, 1979, 101: 6348 – 6353.

[164] Wang R. Two's company, three's a crowd: can H_2S be the third endogenous gaseous transmitter[J]? FASEB J, 2002, 16: 1792 – 1798.

[165] Ji Y, Pang Q F, Xu G, et al. Exogenous hydrogen sulfide postconditioning protects isolated rat hearts against ischemia-reperfusion injury[J]. Eur J Pharmacol, 2008, 587: 1 – 7.

[166] Zhu Y Z, Wang Z J, Ho P Y, et al. Hydrogen sulfide and its cardioprotective effects in myocardial ischemia in experimental rats[J]. J Appl Physiol, 2007, 102: 261 – 268.

[167] Elrod J W, Calvert J W, Morrison J, et al. Hydrogen sulfide attenuates myocardial ischemia-reperfusion injury by preservation of mitochondrial function [J]. FASEB J, 2007, 104: 15560 – 15565.

[168] Geng B, Chang L, Pan C S, et al. Endogenous hydrogen sulfide regulation of

myocardial injury induced by isoproterenol[J]. Biochem Biophys Res Commun, 2004, 318: 756 – 763.

[169] Shi Y X, Chen Y, Zhu Y Z, et al. Chronic sodium hydrosulfide treatment decreases medial thickening of intramyocardial coronary arterioles, interstitial fibrosis, and ROS production in spontaneously hypertensive rats[J]. Am J Physiol Heart Circ Physiol, 2007, 293: 2093 – 2100.

[170] Zweier J L, Flaherty J T, Weisfeldt M L. Direct measurement of free radical generation following reperfusion of ischemic myocardium[J]. Proc Natl Acad Sci, 1987, 84: 1404 – 1407.

[171] Klawitter P F, Murray H N, Clanton T L, et al. Reactive oxygen species generated during myocardial ischemia enable energetic recovery during reperfusion[J]. Am J Physiol Heart Circ Physiol, 2002, 283: 1656 – 1661.

[172] Abe K, Kimura H. The Possible Role of Hydrogen Sulfide as an Endogenous Neuromodulator[J]. J Neurosci, 1996, 16: 1066 – 1071.

[173] Milleroa F J. The thermodynamics and kinetics of the hydrogen sulfide system in natural waters[J]. Mar Chem, 1986, 18: 121 – 147.

[174] Bent D V, Hayon E. Excited state chemistry of aromatic amino acids and related peptides. III. Tryptophan[J]. J Am Chem Soc, 1975, 97: 2612 – 2619.

[175] DeFelippis M R, Murthy C P, Faraggi M, et al. Pulse radiolytic measurement of redox potentials: the tyrosine and tryptophan radicals[J]. Biochemistry, 1989, 28: 4847 – 4853.

[176] Faraggi M, DeFelippis M R, Klapper M H. Long-range electron transfer between tyrosine and tryptophan in peptides[J]. J Am Chem Soc, 1989, 111: 5141 – 5145.

[177] Nauser T, Koppenol W H, Gebicki J M. The kinetics of oxidation of GSH by protein radicals[J]. Biochem J, 2005, 392: 693 – 701.

[178] Jovanovic S V, Simic M G. Repair of tryptophan radicals by antioxidants[J]. Free Radical Biol Med, 1985, 1: 125 – 129.

[179] Hunter E P L, Desrosiers M F, Simic M G. The effect of oxygen, antioxidants, and superoxide radical on tyrosine phenoxyl radical dimerization [J]. Free Radical Biol Med, 1989, 6: 581 - 585.

[180] Lu C Y, Han Z H, Liu G S, et al. Photophysical and photochemical processes of riboflavin by means of the transient absorption spectra in aqueous solution [J]. Sci China Ser B, 2001, 44: 39 - 44.

[181] Land E J, Swallow A J. One-electron reactions in biochemical systems as studied by pulse radiolysis. II. Riboflavin[J]. Biochemistry, 1969, 8: 2117 - 2125.

[182] Heelis P F, Parsons B J, Phillips G O, et al. A laser flash photolysis study of the nature of flavin mononucleotide triplet states and the reactions of the neutral form with amino acids[J]. Photochem Photobiol, 1978, 28: 169 - 173.

[183] Nicholls P. The formation and properties of sulphmyoglobin and sulphcatalase [J]. Biochem J, 1961, 81: 374 - 383.

[184] Blake C C F, Koenig D F, Mair G A, et al. Structural of hen egg-while lysozyme. A three-dimensional Fourier synthesis at 2 Å resolution[J]. Nature, 1965, 206: 757 - 763.

[185] Zhu H P, Chen S M, Hao S M, et al. Double roles of hydroxycinnamic acid derivatives in protection against lysozyme oxidation[J]. Biochim Biophys Acta, 2006, 1760: 1810 - 1818.

[186] Zhu H P, Chen S M, Yao S D, et al. Protective effect of melatonin on photo-damage to lysozyme[J]. J Photochem Photobiol B, 2009, 94: 125 - 130.

[187] 苗金玲. 核黄素光敏损伤溶菌酶及天然抗氧化剂的保护机理研究[D]. 上海：中国科学院上海应用物理研究所, 2003.

[188] 张兆霞, 赵红卫, 朱红平等. 核黄素光敏损伤溶菌酶的 SDS-聚丙烯酰胺凝胶电泳研究[J]. 中国科学 B 辑化学, 2006, 36: 501 - 507.

[189] Lu C Y, Liu Y Y. Electron transfer oxidation of tryptophan and tyrosine by triplet states and oxidized radicals of flavin sensitizers: a laser flash photolysis

study[J]. Biochim Biophys Acta, 2002, 1571: 71 - 76.

[190] Gao Z B, Zhang L N, Sun Y J. Nanotechnology applied to overcome tumor drug resistance[J]. J Control Release, 2012, 162: 45 - 55.

[191] Slowing I I, Vivero-Escoto J L, Wu C W, et al. Mesoporous silica nanoparticles as controlled release drug delivery and gene transfection carriers [J]. Adv Drug Deliv Rev, 2008, 60: 1278 - 1288.

[192] Soler-Illia G J D A A, Sanchez C, Lebeau B, et al. Chemical strategies to design textured materials: from microporous and mesoporous oxides to nanonetworks and hierarchical structures[J]. Chem Rev, 2002, 102: 4093 - 4138.

[193] Lu J, Liong M, Li Z X, et al. Biocompatibility, Biodistribution, and Drug-Delivery Efficiency of Mesoporous Silica Nanoparticles for Cancer Therapy in Animals[J]. Small, 2010, 6: 1794 - 1805.

[194] Quignard S, Mosser G, Boissière M, et al. Long-term fate of silica nanoparticles interacting with human dermal fibroblasts [J]. Biomaterials, 2012, 33: 4431 - 4442.

[195] Witasp E, Kupferschmidt N, Bengtsson L, et al. Efficient internalization of mesoporous silica particles of different sizes by primary human macrophages without impairment of macrophage clearance of apoptotic or antibody-opsonized target cells[J]. Toxicol Appl Pharm, 2009, 239: 306 - 319.

[196] Gabizon A A, Shmeeda H, Zalipsky S. Pros and cons of the liposome platform in cancer drug targeting[J]. J Liposome Res, 2006, 16: 175 - 183.

[197] Lian T, Ho R J Y. Trends and developments in liposome drug delivery systems [J]. J Pharm Sci, 2001, 90: 667 - 680.

[198] Bae Y, Fukushima S, Harada A, et al. Design of environment-sensitive supramolecular assemblies for intracellular drug delivery: polymeric micelles that are responsive to intracellular pH change[J]. Angew Chem Int Ed, 2003, 42: 4640 - 4643.

［199］ Bae Y，Nishiyama N，Fukushima S，et al. Preparation and biological characterization of polymeric micelle drug carriers with intracellular pH-triggered drug release property：tumor permeability，controlled subcellular drug distribution，and enhanced in vivo antitumor efficacy［J］. Bioconjug Chem，2005，16：122－130.

［200］ Slowing I I，Trewyn B G，Giri S，et al. Mesoporous silica nanoparticles for drug delivery and biosensing applications［J］. Adv Funct Mater，2007，17：1225－1236.

［201］ Xia T，Kovochich M，Liong M，et al. Polyethyleneimine Coating Enhances the Cellular Uptake of Mesoporous Silica Nanoparticles and Allows Safe Delivery of siRNA and DNA Constructs［J］. Acsnano，2009，3：3273－3286.

［202］ Pang J M，Zhao L X，Zhang L L，et al. Folate-conjugated hybrid SBA－15 particles for targeted anticancer drug delivery［J］. J Colloid Interface Sci，2013，395：31－39.

［203］ Rosenholm J M，Meinander A，Peuhu E，et al. Targeting of Porous Hybrid Silica Nanoparticles to Cancer Cells［J］. Acsnano，2009，3：197－206.

［204］ Möller K，Kobler J，Bein T. Colloidal Suspensions of Nanometer-Sized Mesoporous Silica［J］. Adv Funct Mater，2007，17：605－612.

［205］ Cauda V，Schlossbauer A，Kecht J，et al. Multiple Core-Shell Functionalized Colloidal Mesoporous Silica Nanoparticles［J］. J Am Chem Soc，2009，131：11361－11370.

［206］ Low P S. Folate receptor-targeted drugs for cancer and inflammatory diseases ［J］. Adv Drug Deliv Rev，2004，56：1055－1058.

［207］ Sudimack J，Lee R J. Targeted drug delivery via the folate receptor［J］. Adv Drug Deliv Rev，2000，41：147－162.

［208］ Park E K，Kim S Y，Lee S B，et al. Folate-conjugated methoxy poly(ethylene glycol)/poly(q-caprolactone) amphiphilic block copolymeric micelles for tumor-targeted drug delivery［J］. J Control Release，2005，109：158－168.

[209] Song Y C, Shi W, Chen W, et al. Fluorescent carbon nanodots conjugated with folic acid for distinguishing folate-receptor-positive cancer cells from normal cells[J]. J Mater Chem, 2012, 22: 12568 - 12573.

[210] Zamora M, Ortega J A, Alaña L, et al. Apoptotic and anti-proliferative effects of all-trans retinoic acid. Adenine nucleotide translocase sensitizes HeLa cells to all-trans retinoic acid[J]. Exp Cell Res, 2006, 312: 1813 - 1819.

[211] Guo J M, Xiao B X, Kang G Z, et al. Suppression of telomerase activity and arrest at G1 phase in human cervical cancer HeLa cells by all-trans retinoic acid[J]. Int J Gynecol Cancer, 2006, 16: 341 - 346.

[212] Wen S H, Zheng F Y, Shen M W, et al. Surface Modification and PEGylation of Branched Polyethyleneimine for Improved Biocompatibility[J]. J Appl Polym Sci, 2013, 128: 3807 - 3813.

[213] Zintchenko A, Philipp A, Dehshahri A, et al. Simple Modifications of Branched PEI Lead to Highly Efficient siRNA Carriers with Low Toxicity[J]. Bioconjugate Chem, 2008, 19: 1448 - 1455.

[214] Xu Z Z, Shen G B, Xia X Y, et al. Comparisons of three polyethyleneimine-derived nanoparticles as a gene therapy delivery system for renal cell carcinoma[J]. Journal of Translational Medicine, 2011, 9: 1 - 10.

[215] Tripathi S K, Yadav S, Kailash C, et al. Synthesis and evaluation of N-(2,3-dihydroxypropyl)-PEIs as efficient vectors for nucleic acids[J]. Mol BioSyst, 2012, 8: 1426 - 1434.

[216] Ghiamkazemi S, Amanzadeh A, Dinarvand R, et al. Synthesis, and Characterization, and Evaluation of Cellular Effects of the FOL - PEG - g - PEI - GAL Nanoparticles as a Potential Non-Viral Vector for Gene Delivery[J]. J Nanomater, 2010, 2010: 1 - 10.

[217] Calarco A, Bosetti M, Margarucci S, et al. The genotoxicity of PEI - based nanoparticles is reduced by acetylation of polyethylenimine amines in human primary cells[J]. Toxicol Lett, 2013, 218: 10 - 17.

［218］ Shi J J，Zhang H L，Wang L，et al. PEI - derivatized fullerene drug delivery using folate as a homing device targeting to tumor［J］. Biomaterials，2013，34：251 - 261.

［219］ Herd H L，Malugin A，Ghandehari H. Silica nanoconstruct cellular toleration threshold in vitro［J］. J Control Release，2011，153：40 - 48.

［220］ Hudson S P，Padera R F，Langer R，et al. The biocompatibility of mesoporous silicates［J］. Biomaterials，2008，29：4045 - 4055.

后　记

突然间,回首三年的科研经历,我实在不知道该说些什么……

这几年我失去了很多东西,也得到了很多东西,回想着已经失去的和已经得到的,虽然百般滋味,但是我丝毫感觉不到后悔。三年的时间虽短,却都是我的二十几岁,我一直在思考,一直在忙碌,可我到底得到了什么?有人会说 SCI 文章和博士文凭,其实我最大的收获在 SCI 数据库里是检索不到的,在毕业证和学位证上是看不到的,我最大的收获就是我的变化,在年龄上,在思想上,在眼界上,在能力上……,所以我衷心的感谢在这五年多的时间里影响我变化的一切!

感谢我的导师汪世龙老师和姚思德老师,五年多的朝夕相处,将会永远地刻在我的脑海中!"海阔凭鱼跃,天高任鸟飞",感谢你们给我的这片大海和蓝天,让我能够自由自在地畅游和飞翔!感谢你们对我的培养、教诲、信任、支持、理解和关爱,你们是我的导师,是我的朋友,是我的亲人,过去是,现在是,将来也一定是!

感谢孙冬梅老师!感谢朱融融老师!感谢孙晓宇老师!

感谢汤桂红老师!

感谢我的师姐王文锐,张琴,朱慧,程伶俐!

感谢同门张为杰,王瑾!

感谢已经毕业的和没有毕业的师兄弟姐妹们！

在这个实验室里，有太多的回忆，有太深的感情，我真的很舍不得离开！

感谢我的父母和亲人！

感谢我的朋友们！

在这五年多的时间里，我对你们的关注真的太少，希望你们能够谅解！

最后感谢我自己，未来好好努力，活出一个自我！

李　坤